总主编 **褚君浩**

汪诘 

队 著

太空探索者

16个地基和太空天文台传奇

丛书编委会

总序

科学就是力量，推动经济社会发展。

从小学习科学知识、掌握科学方法、培养科学精神，将主导青少年一生的发展。

生命、物质、能量、信息、天地、海洋、宇宙，大自然的奥秘绚丽多彩。

人类社会经历了从机械化、电气化、信息化到当代开始智能化的时代。

科学技术、社会经济在蓬勃发展，时代在向你召唤，你准备好了吗？

“科学起跑线”丛书将引领你在科技的海洋中遨游，去欣赏宇宙之壮美，去感悟自然之规律，去体验技术之强大，从而开发你的聪明才智，激发你的创新动力！

这里要强调的是，在成长的过程中，你不仅要得到金子、得到知识，还要拥有点石成金的手指以及金子般的心灵，也就是培养一种方法、一种精神。对青少年来说，要培养科技创新素养，我认为八个字非常重要——勤奋、好奇、渐进、远志。勤奋就是要刻苦踏实；好奇就是要热爱科学、寻根究底；渐进就是要循序渐进、积累创新；远志就是要树立远大的志向。总之，青少年要培育飞翔的潜能，而培育飞翔的潜能有一个秘诀，那就是练就健康体魄、汲取外界养料、凝聚驱动力量、修炼内在素质、融入时代潮流。

本丛书正是以培养青少年的科技创新素养为宗旨，涵盖了生命起源、物质世界、宇宙起源、人工智能应用、机器人、无人驾驶、智能制造、航海科学、宇宙科学、人类与传染病、生命与健康等丰富的内容。让读者通过透视日常生活所见、天地自然现象、前沿科学技术，掌握科学知识，激

发探究科学的兴趣，培育科学观念和科学精神，形成科学思维的习惯；从小认识到世界是物质的、物质是运动的、事物是发展的、运动和发展的规律是可以掌握的、掌握的规律是可以为人类服务的，以及人类将不断地从必然王国向自由王国发展，实现稳步的可持续发展。

本丛书在科普中育人，通过介绍现代科学技术知识和科学家故事等内容，传播科学精神、科学方法、科学思想；在展现科学发现与技术发明成果的同时，展现这一过程中的曲折、争论；通过提出一些问题和设置动手操作环节，激发读者的好奇心，培养他们的实践能力。本丛书在编写上，充分考虑青少年的认知特点与阅读需求，保证科学的学习梯度；在语言上，尽量简洁流畅，生动活泼，力求做到科学性、知识性、趣味性、教育性相统一。

本丛书既可作为中小学生课外科普读物，也可为相关学科教师提供教学素材，更可以为所有感兴趣的读者提供科普精神食粮。

“科学起跑线”丛书，带领你奔向科学的殿堂，奔向美好的未来！

褚君浩

中国科学院院士

2020 年 7 月

前言

人类学家常常思考一个问题：人类诞生的标志性事件是什么？

有些人认为是直立行走，有些人认为是对火的利用，候选答案有很多。

而我的观点则是：当第一只古猿仰望星空，对星星产生好奇之时，便是人类文明的破晓时分。是“好奇心”驱动着人类文明的大踏步前进。那么，人类是从何时对星空产生好奇的呢？

在数万年前的洞穴壁画中，我们的祖先就用植物的汁液和彩色的矿物画下了无比璀璨的星空。人类用数万年的时间凝望着那些星星，记录它们的位置，观察它们的变化，为它们编织美丽的传说。不过，在人类历史的绝大多数时间中，我们只能用肉眼观察星空。

四百多年前，当伽利略把望远镜指向星空后，人类对宇宙的认识开始进入一个全新的时代。一百多年前，我们又领悟到可见光只是电磁波中非常窄的波段，在可见光之外，既有波长更长的红外线、微波和无线电波，也有波长更短的紫外线、X 射线和 γ 射线。

现在，无论是在肉眼看得见的可见光波段，还是肉眼看不见的其他波段，人类都建造了强大的望远镜和观测设备，每一个都堪称一项超级工程。这些设备有些被架设在地表，有些被发射到太空，还有一些带着它们的特殊使命，孤独地飞向宇宙深处，直到生命的终结。

有人说，现代天文学是无用之学。知道了宇宙起源、天体起源又有何用？研究那些从几万到上百亿光年外的天体，对人类又有何用？我想说，无用之学恰恰是纯科学，它是人类与未知的一场无尽恋爱，满足好奇心就是纯科学的唯一目的。好奇心不在乎有用无用，它只在乎是什么、为什么。正因为在人类的历史长河中，始终有一群人，对宇宙充满了好奇，人类才拥有了科学。科学就是好奇心的产物，它推动着人类文明大踏步前进。我们的好奇心驱动着现代天文学，而天文学又推动了数学、物理、工程技术的巨大发展。我不相信，一个对星辰大海失去好奇的民族，能够建成科技强国。我更不相信，一个不热爱仰望星空的文明，能赢得宇宙大社会的尊敬。

仰望星空，探索宇宙奥秘，中国人当然不能落后。我们很高兴地看到，全球最大的单口径射电望远镜——中国天眼，已经屹立在中国大地上；我们有幸见证祝融号顺利登陆火星，开启了中国人探索地外行星的新纪元；我们有幸迎接了携带着月壤的嫦娥五号的胜利回归；我们有幸等来了一镜千星的郭守敬望远镜发布的全球首个千万级光谱的巡天数据……

《太空探索者》是在《地球的眼睛——地基和太空天文台传奇》一书的基础上专为青少年读者打造的。本书由科学有故事团队的成员刘菲桐根据青少年的认知发展水平，做了进一步的精简和优化，文字更加浅显易懂，更适合青少年阅读。

我们为你精心挑选了 16 个关于空间探测器和超级望远镜的有趣故事，其中的郭守敬望远镜、悟空号暗物质探测器、中国天眼 500 米口径球面射电望远镜，以及高海拔宇宙线观测站 4 个故事来自中国。

另外，中国与澳大利亚、南非等 6 个国家共同发起的平方千米阵列射电望远镜将在 2030 年投入运行。这是一个跨时代的大型望远镜工程，也是人类历史上灵敏度最高的天文学设备。

它们就像是一座座人类文明纪念碑，记录着位于银河系郊外一角的蓝色星球上，一群身高不足 2 米的两足动物探索浩瀚宇宙的故事。

虽然这 16 个故事，远远不能覆盖人类探索宇宙的全部历程，但我可以向你保证，每一个故事，都代表着天文学一个时代的骄傲；每一个故事，都是一座值得铭记的丰碑。

它们是人类的第三只眼！

汪诘·科学有故事团队

2023 年 4 月 3 日

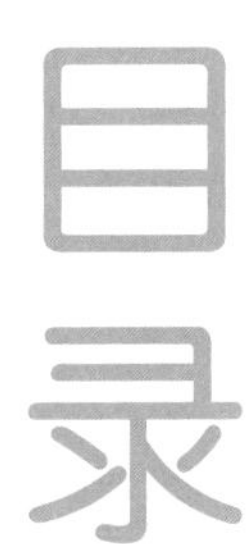

精彩视频讲解

探索红色行星：海盗号

你将了解：

人类历史上第一次在外行星表面软着陆

人类探索火星的历史

海盗号在火星上的工作

对火星生命之谜的探讨

人类拍摄的第一张火星表面图，由海盗1号在软着陆几分钟后发回（版权：NASA/JPL）

这张散布着零乱岩石的照片，看似平平无奇，但资深天文爱好者也许一眼便能认出它，并深深为之狂热。这是人类拍摄的第一张火星表面图，由海盗1号于1976年7月20日拍摄。这张照片，同时也见证了人类历史上第一次实现在另一个行星表面的软着陆。

软着陆是指宇宙飞船在着陆行星表面时，通过控制着陆伞、推进器等方式，使飞船以较小的速度，轻柔地降落到地面的过程。这种方式与传统的硬着陆（直接猛烈地撞击地面）相比更安全，能够保护飞船上的设备。

海盗号项目参与人员简德利·李这样描述："海盗号团队并不了解火星的大气，我们对火星地表和岩石状态一无所知，甚至我们的软着陆都是十分鲁莽的。我们既恐惧又兴奋，当我们看到着陆终于获得成功的时候，所有的激动和自豪都在瞬间爆发了出来。"

那么，这场激动人心的软着陆到底是怎么进行的？"大功臣"海盗1号是一艘怎样的飞船？它的火星之旅还有哪些发现？

令人窒息的19分钟

1976年7月20日，美国宇航局喷气动力实验室的大礼堂里早早就挤满了人。除了世界各地的400名记者，还有1 800位嘉宾受邀通过闭路电视来观看控制室里的实况。他们共同关注着此刻远在火星上空的海盗1号能否成功实现软着陆。设计师们十分清楚该计划的挑战性，因为苏联人在此之前已经尝试了4次，均以失败告终。

与超高难度对应的是超高身价。孪生打造的海盗号飞船，一共两艘，总造价10亿美元，相当于现在的45亿美元。在海盗号身上，美国人可是下了血本。

现在，万众瞩目的海盗号已经尝试着陆，信号还需要19分钟才能传回地球。在这让人窒息的19分钟里，每个人都在紧张热切地期待着。

海盗号
（版权：NASA/JPL-Caltech/University of Arizona）

海盗1号出发于一年多前的1975年8月20日，它从卡纳维拉尔角成功发射，作为双保险的海盗2号于半个多月后的9月9日发射。两架航天器各包括1个轨道器和1个着陆器。经过了长达10个月的旅行，两艘海盗号先后抵达火星上空，准备着陆。

1976年7月20日，海盗1号从火星杏黄色的无云天空中现身，闯入火星稀薄的大气，炽热的防护层发出亮光。大约在6.4千米的高度，降落伞打开了。在大约1.6千米的高度，反冲火箭点火，1分钟之后，海盗1号减速到了大约每小时10千米，在轻微摇晃中抵达了火星表面，径直落向了“金色平原”（克里斯平原）。

终于，成功的信号传回地球，海盗号成功着陆了！控制室里紧绷的科学家们沸腾了，守候着的记者、嘉宾与民众们都沸腾了。这是行星探测史上的里程碑事件，人类第一次实现了在另一个行星表面的软着陆。直到许多年后，这个经典的画面依然被人们津津乐道。

2016年人们纪念海盗号着陆40周年，图像就是海盗号软着陆的经典画面（版权：NASA）

启示

在海盗号之前，苏联曾于 1971 年尝试发射航天器在火星着陆。苏联的火星 3 号是全球第一个在火星上进行着陆的设备，但着陆后仅仅运行了几十秒钟，就因为传输数据的设备出现故障而失去联系。海盗号在设计和技术方面借鉴了火星号的经验。人类对科学的探索是前赴后继的，需要不断地积累经验，以推动科学的发展。从这个角度来说，“犯错”也非常可贵，甚至有些试错成本是“必需”的。

想一想

火星探测器发出的信号需要多久才能到达地球？这取决于火星与地球的距离，以及在信号传输过程中是否有太阳风暴等干扰因素。

从火星到地球的信号传输时间可以简单地计算为：时间 = 距离 / 速度。

已知火星与地球的平均距离为 2 亿 2 500 万千米，信号传播的速度约为光速：3×10^5 千米 / 秒。请算一下火星探测器信号到达地球的平均时间。

火星上有“运河”？

人类对火星的探究很早就已开始。1877 年，意大利天文台的台长乔凡尼·斯基帕雷利（Giovanni Schiaparelli，1835—1910）观测到火星表面延伸着数百千米的线条。他说在火星上发现了“水道”，后来被以讹传讹成了运河。

1894 年，帕西瓦尔·洛威尔（Percival Lowell，1855—1916）跑到荒凉干燥的沙漠观测火星，用 15 年时间精心绘制了一系列火星图。在这些图里，火星不仅有上百条“运河”，还有巨大的绿洲。那时候，火星上有运河、生活着火星人几乎已经成了从民间到学界的共识。人们对火星的热情空前高涨。

但是到了 1965 年，水手 4 号拍回的火星照片像一盆凉水浇在人们头上。21 张粗糙的黑白图像，证明了火星是一个布满陨石坑的贫瘠世界。这打碎了无数人对火星人的幻想。

不过，科学家们倒并不是很失望，他们想要知道的是：在火星看似贫瘠的土壤下面，是否潜藏着生命？为了解答这个问题，美国宇航局花重金打造了那个时代最复杂的行星探测器——海盗号。

水手 4 号及它传回的一张黑白火星图像，画面中的火星如月球一样荒凉（版权：NASA/JPL）

100 多年前的“运河”谣言

1877 年，在意大利的布雷拉天文台，42 岁的天文学家斯基帕雷利正在激动地进行天文观测，他为这一天已经准备了 2 年多。在这个天气异常晴朗的夏夜，火星和太阳、地球处于一条直线上，这就是所谓的火星冲日，而且这一天刚好又是火星与地球距离最近的日子，这两个巧合就构成了火星大冲。这是平均每两年一次观测火星的最佳日子。斯基帕雷利是一个火星迷，他执着地观测火星已经 10 多年了。

当天晚上观测条件非常好，火星十分明亮，斯基帕雷利努力寻找着未曾发现过的火星特征。突然，他看到有一些细细的条纹连接着暗区和亮区，以前从未发现过。这些条纹是如此之细，颜色也是如此之暗，在当晚如此有利的观测条件中，终于让斯基帕雷利看到了。那么，这些线条到底是什么呢?

斯基帕雷利一直认为火星上的暗区是湖泊海洋，而亮区则是大陆，那么连接湖泊海洋和大陆的细细条纹只有一个解释——“水道”。这个发现震惊了整个天文学界，在传的过程中，“水道”被传成了“运河”。一方面有语言翻译的问题，另一方面，显然“运河”比“水道”更具备传播冲击力。没过多久，全世界的天文迷们都在说：火星上发现了运河！

“加班狂魔”海盗号

海盗号的硬件系统设计寿命仅有 90 天，但实际工作时间远超预期。海盗 2 号着陆器工作了 3 年半，而海盗 1 号竟然工作了 6 年之久，直到在更新软件时发生了一个小小的人为失误，导致天线缩回，才失去了与地球的联系。

海盗号在火星上待了这么长时间，到底做了哪些事呢？

第一件事，就是化身“跟拍摄影师”，给火星拍照。这是海盗号的两台轨道器的主要工作。它们配备了光学和红外相机，一边绕火星飞行一边拍摄，共传回了超过 50 000 幅图像，覆盖了 97% 的火星表面。这些照片的精度也不错，可以分辨出火星表面 150 到 300 米的特征。借助这两双“眼睛”，我们看到了火星复杂多样的地质结构，有巨大的火山、皱褶满布的熔岩平原、深深的峡谷，以及众多风蚀的特征。它们显示出火星是地质环境极其丰富多样的星球。浪漫的是，海盗号还欣赏了无数次火星上的日出、日落。

此图为根据海盗 1 号传回的图片还原出的火星图（版权：NASA）。火星表面的地质环境如此多样，意味着什么？这暗示了火星怎样的历史？

海盗 2 号在火星表面工作（版权：NASA）

海盗 2 号拍摄的火星上的日出（版权：NASA）

第二件事，寻找火星上存在水的证据。这还真让海盗号找到了！别太激动，它找到的是火星上曾经存在过水的证据，而不是现在。海盗号拍摄的照片上有巨大的河谷，还有许多看起来像是蛛网状的河流流过的特征。在火山的侧壁，也能看到许多类似地球上水流侵蚀那样的沟槽。这些证据都表明，火星上曾经是存在水的，而且数量不少。

火星上现在为什么没有液态水？原因在于火星的大气密度只有地球的 1%。由于低气压，火星表面上哪怕有水，也会很快蒸发干净。

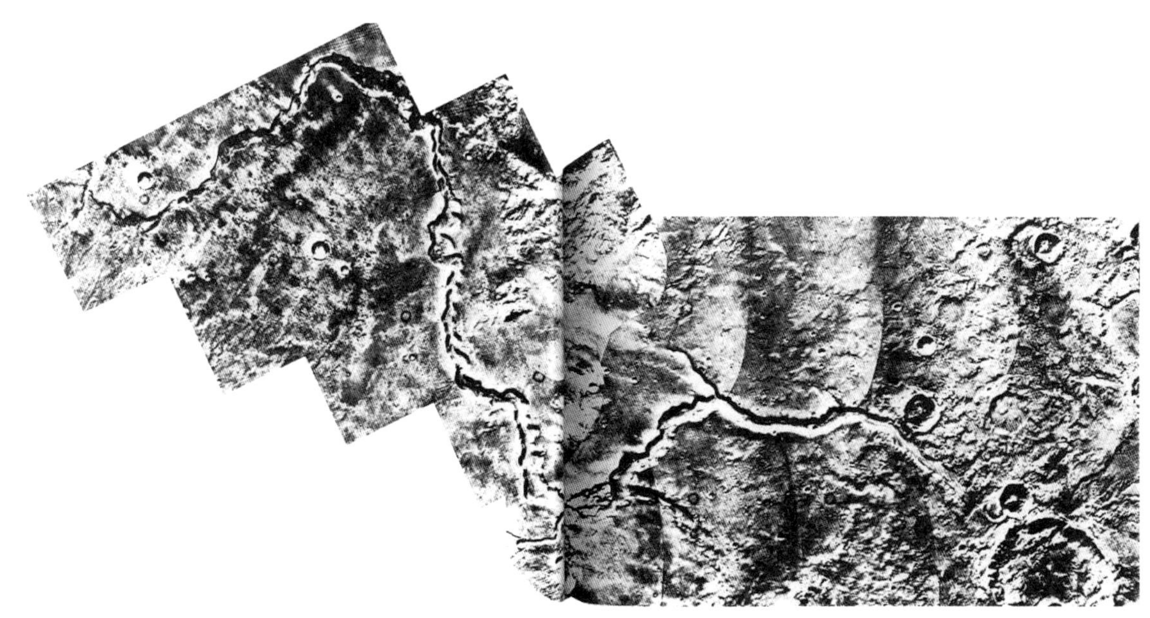

海盗号观测到的一个古老河谷——巴赫拉姆谷（版权：NASA）

火星上有生命吗？

来自海盗 2 号的岩石样本
（版权：NASA/JPL）

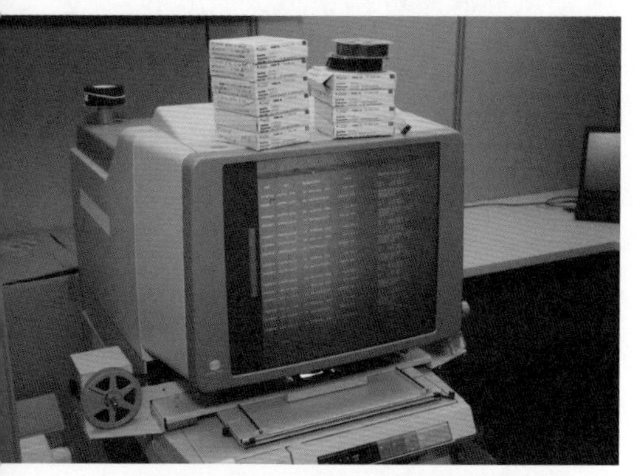

海盗号生物实验的数据存储在微缩胶片上，必须使用微缩胶片阅读器才能读取
（版权：David Williams，NASA）

你知道在我国有哪些地质条件像火星的地方吗？

你最感兴趣的可能是海盗号的这项重要工作——探究火星生命之谜！没错，海盗号还要在火星表层寻找生命的证据。你可能会想，海盗号又不是科学家，它怎么判定火星上有没有生命呢？事实上，海盗号携带的生物研究包，就像是一个移动的“实验室”，可以让海盗号用机械臂采集完样本后，立刻做实验，就像有科学家在一样。

海盗号共安排了 4 个由科学家预先设定好的实验，用以判断火星上是否存在生命。非常遗憾的是，4 个实验中的 3 个，都对火星上存在生命持明确的否定结论，而唯一一个可能证明火星有生命的实验，还存在着许多争议。

这就是标记释放试验。

其实这个实验很简单，就是在土壤样品中加入溶于水的营养物，这些营养物都用放射性碳做了标记，然后监测这些物质会不会被释放出来。令人惊讶的是，在样品上方的空气里检测到了放射性的二氧化碳，这意味着这些营养物质可能参与了微生物的新陈代谢过程，从而被分解释放。火星上可能有微生物！让人欣喜的是，两个海盗号着陆器都得到了相同的结果。然而，当一周之后重做这个实验时，空气中却没有放射性碳了。由于实验无法复现，美国宇航局也就无法得出火星上存在生命的结论。

对美国宇航局的论断，一些科学家表示非常不满。比如天体生物学家拉斐尔·那法罗－冈萨雷兹（Rafael Navarro-Gonzalez，1959—2021），他认为：海盗号的实验无法复现，是因为海盗号本身的仪器还不够灵敏。为了证明这一点，他和他的团队前往世界上最高、最干燥，也就是最像火星的地方，例如阿塔卡马沙漠和南极的干河谷，重复进行了海盗号多年前做过的检测工作。他们在智利北部发现了一些酸性的土壤，其中的有机物用海盗号的仪器是无法发现的，这些土壤中甚至还存在着细菌。

近几十年来，科学家们惊讶地发现有些地球生命甚至可以适

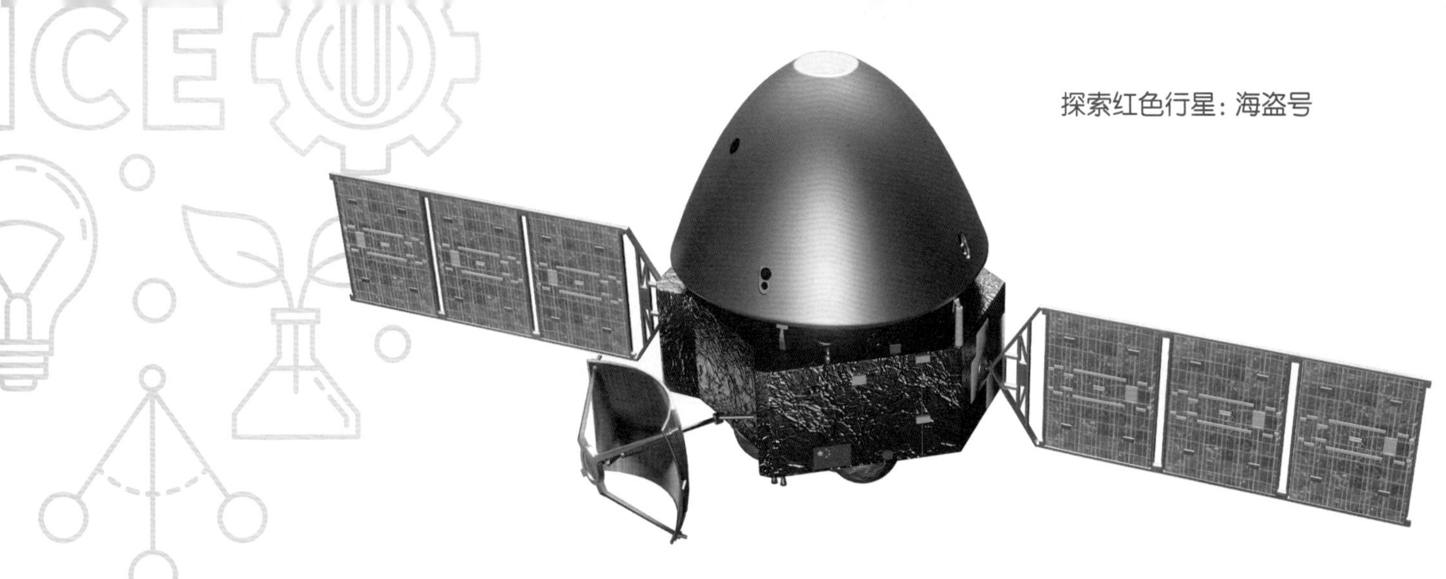

天问一号于 2020 年在文昌航天发射场由长征五号遥四运载火箭发射升空，2021 年 2 月 10 日与火星交会，成功被火星捕获，进入环绕火星轨道。此图为天问一号模型图（制作人：Barrelpony）

应有毒、有高剂量紫外线辐射的环境。这些生命被称为“嗜极生物”，这远远超出人类在 20 世纪 70 年代的认知。这给我们的启示是：火星的化学、物理环境与地球十分不同，那里的生命可能也“超出常规”，有许多“变态”的本事，海盗号的检测标准单一，说不定就错过了有不同生化基础的生命。

而 40 余年后，我国也开始了对火星的探索。我国于 2020 年 7 月 23 日发射“天问一号”火星探测器，在经过近一年的太空旅行后，于 2021 年 5 月 15 日 7 时 18 分，成功登陆火星北半球的乌托邦平原。

这是我国第一次成功的火星着陆任务，也让我国成为继美国后第二个成功派出探测器登陆火星的国家。“天问一号”火星探测器由环绕器和着陆巡视器组成，总质量达 5 吨左右。环绕器配置了次表层探测雷达、火星矿物光谱探测仪、火星磁强计等 7 台科学载荷，对火星开展全球性、普查性探测。“发现火星当前的生命”，也是天问一号的重要任务之一。

地球上有许多“嗜极生物”，它们能在极端的高温和有毒环境中生存。比如，能够在冰川中生活的冰菌、能够在高金属浓度的环境中生存的金属菌、能够在高放射性环境中生存的放射性菌。

人类是宇宙中孤独的存在吗？我们在内心深处都渴望着，某一天能找到宇宙中生命存在的痕迹，哪怕是一个可怜的小细菌，都足以振奋全人类的神经。而这个探究过程，让我们深深体会到，科学如何用证据说话。在能经得起重复验证的铁证出现之前，任何捕风捉影都无法改变结论。科学大厦之所以值得依赖，正在于它的每一块基石都经过千锤百炼。

力超所能的小小漫游器：火星探测漫游者

你将了解：

- 火星探测漫游者的任务是什么
- 勇气号与机遇号火星车的装备
- 勇气号与机遇号的火星探险
- 火星气候之谜

扭曲的形状、大大小小的坑洞，以及似乎带着一些金属光泽的奇异色彩，你是否看出这是一块不平凡的陨石？其实，这是人类第一次在另一个星球上发现的陨石，足有一个篮球大小。

让人捧腹的是，这个突破性的发现，竟然是机遇号火星车在被派去检查自己的热防护罩的路上，意外发现的。这个第一次在外星球发现陨石的“殊荣”就这样被轻松拿下。

那么，幸运的机遇号还有哪些重要的发现？它的“兄弟”勇气号是否有同样的好运气？它们在火星上又有哪些奇妙的经历呢？

2005 年 1 月 9 日机遇号利用其全景相机拍摄的近似真彩的铁镍陨石合成照片（版权：NASA/JPL-Caltech/Cornell）

改变人生的一天

1977 年，在康奈尔大学克拉克大厅一间称为“火星屋”的房间中，凌乱地堆放着一卷卷照相纸。年仅 21 岁的研究生史蒂夫·斯奎尔斯（Steve Squyres）随意地打开了其中一卷，想赶快看完应付作业。但刚瞥上一眼，他就瞬间被这些奇异的景象吸引——这是海盗号传回的火星景观图。连续 4 个小时，他都像着了魔一样，扑在一张又一张的照片上。多年以后，他还在回味这个改变他人生轨迹的一天：“我在这些照片里看见了一个美丽又令人恐惧的荒凉世界。走出房间的时候，我就知道我的余生该做些什么了。”

就这样，探究宇宙的种子在一个年轻人的心中埋下。二十多年后，他成为火星探测漫游者——MER 任务的首席科学家，正是斯奎尔斯对火星的探索促成了孪生漫游器勇气号和机遇号的诞生。

MER 即“Mars Exploration Rover”（火星探测漫游者），是美国国家航空航天局（NASA）于 2003 年实行的火星探测任务。这项任务主要是将“机遇号”（Opportunity）和“勇气号”（Spirit）两辆火星车送往火星，并进行实地考察。

你可能想象不到，人类在20世纪末就已经对火星的景观了如指掌。用瑟奇·布伦涅（Serge Brunier）的话说："今天，火星的荒漠和土星的光环对我们而言就像是对自己星球上奇特的景观一样熟悉。"当然，这都归功于水手号、海盗号等航天器的努力，它们为我们拍下了详尽的火星图景。

那么，人类对于火星的下一步期待是什么呢？当然是寻找生命了。NASA在火星寻找生命的重要战略就是"追踪水"，而本故事的主角——勇气号和机遇号的任务也正是如此。

海盗2号着陆器传回的火星景观图像
[版权：NASA，The Viking Project，M. Dale-Bannister（Washington University）]

启示

史蒂夫·斯奎尔斯是一位天文学家，他从年轻时就对天文学产生浓厚的兴趣。后来，他设计了勇气号和机遇号的探测仪器，并且领导了任务的实施，被誉为“火星漫游车之父”。除此之外，他还是一位热情洋溢的科学传播者——他在 TED 大会发表演讲，用幽默的语言讲述太阳系与火星探索，使天文学变成一门更加接地气的学科。

史蒂夫·斯奎尔斯
（版权：公共领域）

热爱的力量是无穷的。在年轻时树立理想与目标，长大后投身于自己真正热爱、感兴趣的事业中，并持续地为之努力，也许这就是成为科学家的秘诀。

“地质学家”的超强装备

2004 年 1 月 4 日，在旅行了 7 个月，穿行 4.8 亿千米之后，勇气号以每小时 19 200 千米，也就是大约 16 倍声速的速度闯入了火星大气。随后而来的是“恐怖 6 分钟”，飞船迎面贴近火星上层空气，被迅速加热。在离火星地面大约 8 千米的时候，降落伞张开，反推引擎启动，减小了着陆器的下降速度。随后，有趣的画面出现了。勇气号的四面，每一面都弹出 6 个巨大的气囊，这些气囊紧紧包裹住勇气号，就像一串巨大的葡萄，它撞向火星地面又反弹起来。在落地反弹了十多次之后，勇气号终于成功着陆在古谢夫环形山。

3 周之后，机遇号在火星另一边的子午线平原也成功着陆。在安全气囊的保护下，它直接弹进了直径 22 米左右的老鹰陨石坑内，被科学家们开心地称为“一杆进洞”。

小小的火星车像是两个“机器人地质学家”，正摩拳擦掌地准备开始它们的探险之旅，这真是一件让人激动万分的事情。出发之前，我们先来看一下它们携带的装备。

火星的空气非常稀薄，“听觉”和“味觉”都用不上，“视觉”是非常关键的感知途径。漫游器的“眼睛”位于桅杆的顶部，像螃蟹的眼睛一样长长地伸出来，离地面大约有 1.5 米，可以 360 度旋转。两个相机都拥有 1 600 万像素，可以互相配合，形成立体图像。它们也不重，每个只有 250 克，可以轻松放在手掌上。

勇气号 / 机遇号的“眼睛”（版权：NASA）

> RAT 是一种强有力的、内嵌有钻石的岩石研磨器，即使面对最坚硬的火山岩石，也可以在两小时内磨出一个宽 5 厘米、深 0.5 厘米的洞。

对地质学家来说，一双灵活有力的手臂非常重要。勇气号和机遇号都是“独臂英雄”，但这个“手臂”功能十分强悍，拥有一肘、一腕和四种运动模式，并且每个“拳”中都握有一个小相机，就像地质学家手持放大镜一样。当然，趁手的锤子也是少不了的，它们的手臂上还配备了一台名叫 RAT 的岩石研磨设备。

说完了“手臂”，再来说说“腿”。勇气号和机遇号都各有 6 个轮子，每个轮子都有独立的驱动装置，能灵活应对火星的各种地形。要知道，对于一个离“家乡”数千万千米的昂贵火星车来说，最糟糕的情况就是摔个四脚朝天，那可很难翻回来。所以，漫游器在平地上设置的最高速度是每秒 5 厘米，也就是 1 分钟才能缓缓挪动 3 米。再加上避险软件要求漫游器每隔几秒就停一次，它们的速度就更小了。

好的，准备就绪的勇气号和机遇号终于出发了。与“前辈”海盗号一样，它们的工作期限远远超出了设计寿命 90 天，长达 10 余年。而它们探险故事的精彩程度，也远远超出设计者最初的想象。

出征前调试中的勇气号 / 机遇号的“手臂”（版权：NASA/JPL）

勇气号 / 机遇号的“腿”（版权：NASA）

勇气号 / 机遇号（版权：NASA/JPL/Cornell University，Maas Digital LLC）

恐怖 6 分钟

“恐怖 6 分钟”是指火星车从进入火星大气层到成功降落在火星表面的过程，大约需要 6 分钟。这个时间是根据火星车的速度、高度以及火星大气层的特性等因素计算出来的。

进入大气层时火星车的速度约为每小时 20 000 千米，而在着陆时，它的速度必须降至每小时不到 2 千米。这需要经历减速、抛掷热盾、分离降落伞、点火减速等步骤，必须在 6 分钟之内完成。

而由于火星与地球之间有通信延迟，地面控制人员无法及时干预，所以整个降落过程充满了不确定性，一旦出现任何故障，火星车都可能会坠毁或失去联系。因此，“恐怖 6 分钟”是人类探测火星历程中最为关键和危险的一步。

此图为勇气号“恐怖 6 分钟”的着陆过程（版权：NASA）。在小图 ⑤⑥⑦ 中，可见勇气号像 3 个“连体婴”，由长绳串联，上面是降落伞，中间是减速火箭，顺着悬吊绳往下，最下面的是勇气号。当勇气号离火星表面仅有 284 米时，勇气号的气囊弹出，像一串大葡萄（见小图 ⑨⑪⑫）

幸运的机遇号 VS 多灾多难的勇气号

虽然勇气号与机遇号在硬件上一模一样，但由于在火星上降落地点的不同，这对“双胞胎”的命运截然相反。

机遇号可以说是“幸运”的代表：刚刚着陆，它就在旁边的石块上发现了曾经有水存在过的痕迹；被派去检查自己的热防护罩，结果在路上意外发现了一块篮球大小的铁镍陨石，就是开头提到的那块。

幸运不止于此。2007 年，火星上发生了一次异常强烈的沙尘暴，沙尘遮蔽了 99% 的阳光，机遇号的太阳能板沙尘密布，电力低到了极点。就在科学家以为机遇号“命不久矣”时，几次风力的“清扫”，竟然把太阳能板上的沙尘扫得干干净净，让它“满血复活”。而大难不死，必有后福——2011 年，它在奋进环形山边缘处发现了一个含水硫酸钙的明亮岩脉。这个发现被斯奎尔斯称为“我们在 8 年的探索中发现存在液态水的最明确的证据”。直到 2019 年，幸运的机遇号才落幕，这时它已经在火星上整整工作了 15 年。

此图为 2011 年 11 月机遇号发现的含水硫酸钙的明亮岩脉（版权：NASA/JPL-Caltech/Cornell/ASU）。水硫酸钙（$CaSO_4 \cdot 2H_2O$），也称石膏，是一种含水矿物，其化学式中的“$\cdot 2H_2O$”表示其结构中含有两个结晶水分子，它通常形成在含水的环境中

与机遇号比起来，勇气号的命运就坎坷多了。哎，讲起来都是泪。

刚刚着陆 3 周不到，勇气号就突然停止了与任务控制系统的对话，陷入了“重启死循环”。修好闪存后，才终于解决了这个问题。

软件出错之后，硬件也出了问题。一个经常出错的轮子给它带来了不少麻烦，它只能“带病”爬上比自由女神像还高的丈夫山，用自己的小锤子——RAT“敲敲打打”，在钻探的过程中连金刚钻头都磨坏了。2006 年，才抵达火星两年的勇气号，前轮就完全无法工作了。从此之后，它只能拖着那个没用的轮子，一瘸一拐地在泥土中前行。

又过了 3 年，勇气号遭遇了最致命的一次意外。勇气号在穿过哥伦比亚山山脚的一个暗色土层时，身体左侧陷入一片白色松软的沙子中。它就这样被困住了。2009 年 11 月 21 日，操控员发出一系列希望它前进 5 米的指令，但最终只让它挪动了 0.25 厘米，跟没动也没啥区别。2011 年 5 月 25 日，在 1 300 个指令都没收到答复之后，救援任务宣告结束。多病多灾的勇气号终于能彻底休息了。

勇气号的全景照相机捕捉到的丈夫山（版权：NASA）

火星上的“蓝莓”

早在20世纪80年代，海盗号就拍回了火星上有河谷的照片。你认为海盗号拍的照片与机遇号进行的成分分析相比，哪个证据更能证明火星表面曾经有水？

说了这么多，可能你已经迫不及待地想知道勇气号和机遇号的工作成果了。它们是奔着“水”去的，到底有没有什么重要发现？

刚刚到达火星几周，机遇号就证明了子午高原曾经是一个被水浸透了的平原。证据是一块从着陆点被抛出来的石头，它被称为“酋长岩”，包含了许多有关水的历史信息。机遇号还找到了许多小硬石球，被称为“蓝莓”，它们有的散布于子午高原表面各处，有的聚集成岩。“蓝莓”由赤铁矿组成，这是一种在地球上需要有水的存在才能形成的富铁矿。

大大小小的证据综合起来，使得远古火星表面曾经有水的观点变得非常有说服力。

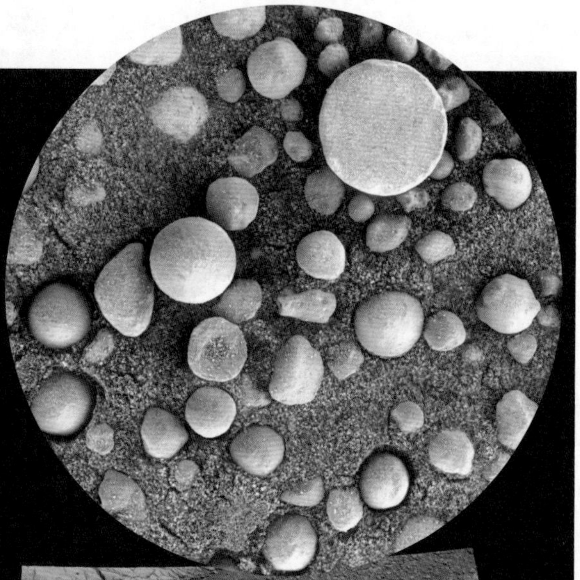

2004年机遇号发现的“蓝莓”
（版权：NASA/JPL-Caltech/Cornell/USGS）

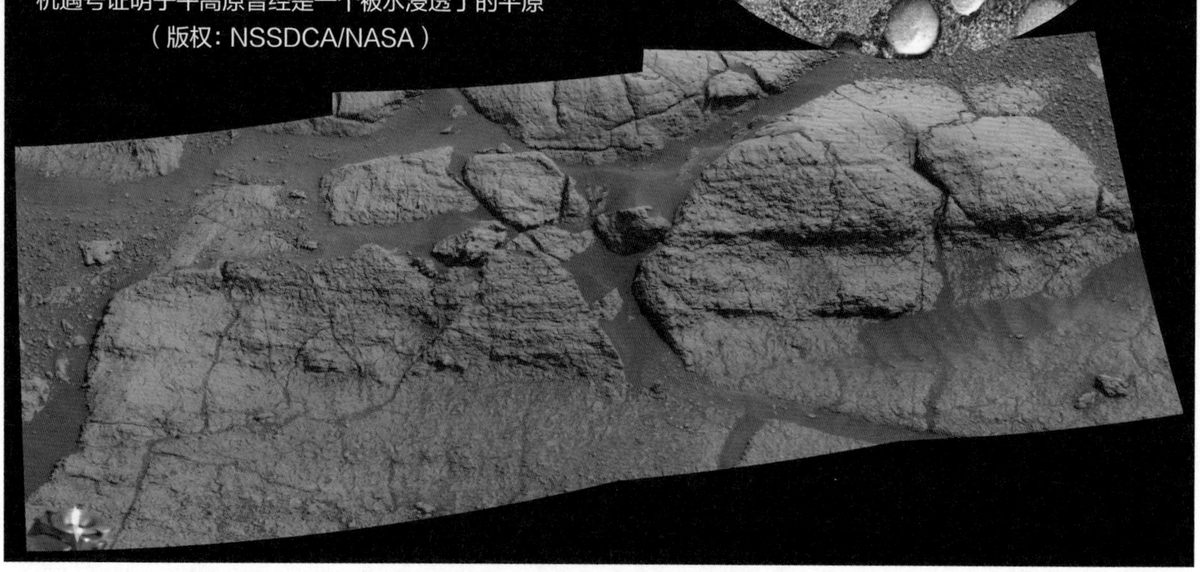

机遇号证明子午高原曾经是一个被水浸透了的平原
（版权：NSSDCA/NASA）

火星上曾经有水，这是一件听起来让人振奋的事情，但你可能不知道，这个发现对科学家们来说是挺头疼的。这是因为，火星表面在十亿年前“温暖湿润”的观点，还得不到气候模型和火星陨石证据的支持。不但得不到支持，而且还相互矛盾。

要知道，火星的引力很小，维护不了深厚的大气层，而早期的太阳也比现在暗，需要温室效应让气温至少高到 65—70 摄氏度，才有可能让火星表面的水融化。而与此矛盾的是，火星上的温室效应不会那么强。虽然火星早期可能存在二氧化碳等温室气体，但光有温室气体是不够的，火星大气必须要足够稠密，温室效应才会变得明显。所以说，火星的气候变化至今仍是一个未解之谜。

想一想

温室效应是指大气中的温室气体（如二氧化碳、甲烷、氧化亚氮等）吸收太阳辐射并将部分热量反射回地表，从而使地表温度升高的现象。根据这个定义，你认为影响温室效应的因素有哪些？

火星的未解之谜，让人类探索火星的热情与日俱增。2020 年 7 月 23 日，我国的火星探测器天问一号发射升空。2021 年 5 月 15 日，祝融号火星车成功着陆在火星乌托邦平原上的一处火山口，这是我国首次在火星表面着陆并展开巡视探测任务。与勇气号、机遇号一样，祝融号火星车早已超出了 90 天的设计寿命，继续进行着地形探索、土壤和岩石检测、火星大气监测等多项任务。我们希望祝融号能够持续工作到五星红旗插上火星的那一天。

你知道“祝融号”名字的由来吗？

正如斯奎尔斯所说，“勇气号和机遇号就是我们的替代物，我们的机器人先驱”，终有一天，人类的足印也会踏上火星。这不只是科学家的目标，也是社会大众的热切期盼。与科学探究的漫长周期相比，人类的生命太过于短暂，可能直到我们行将就木的一天，也等不到火星之谜的破解。但我们知道：只要人类文明存续一天，人类的好奇心与探索精神就会延续一天，科学的火种就会一直延续。

太阳系大旅行：旅行者号

你将了解：

- 旅行者号的动力来源
- 旅行者号在太阳系内的发现
- 太阳系“边界”之谜
- 旅行者号金唱片

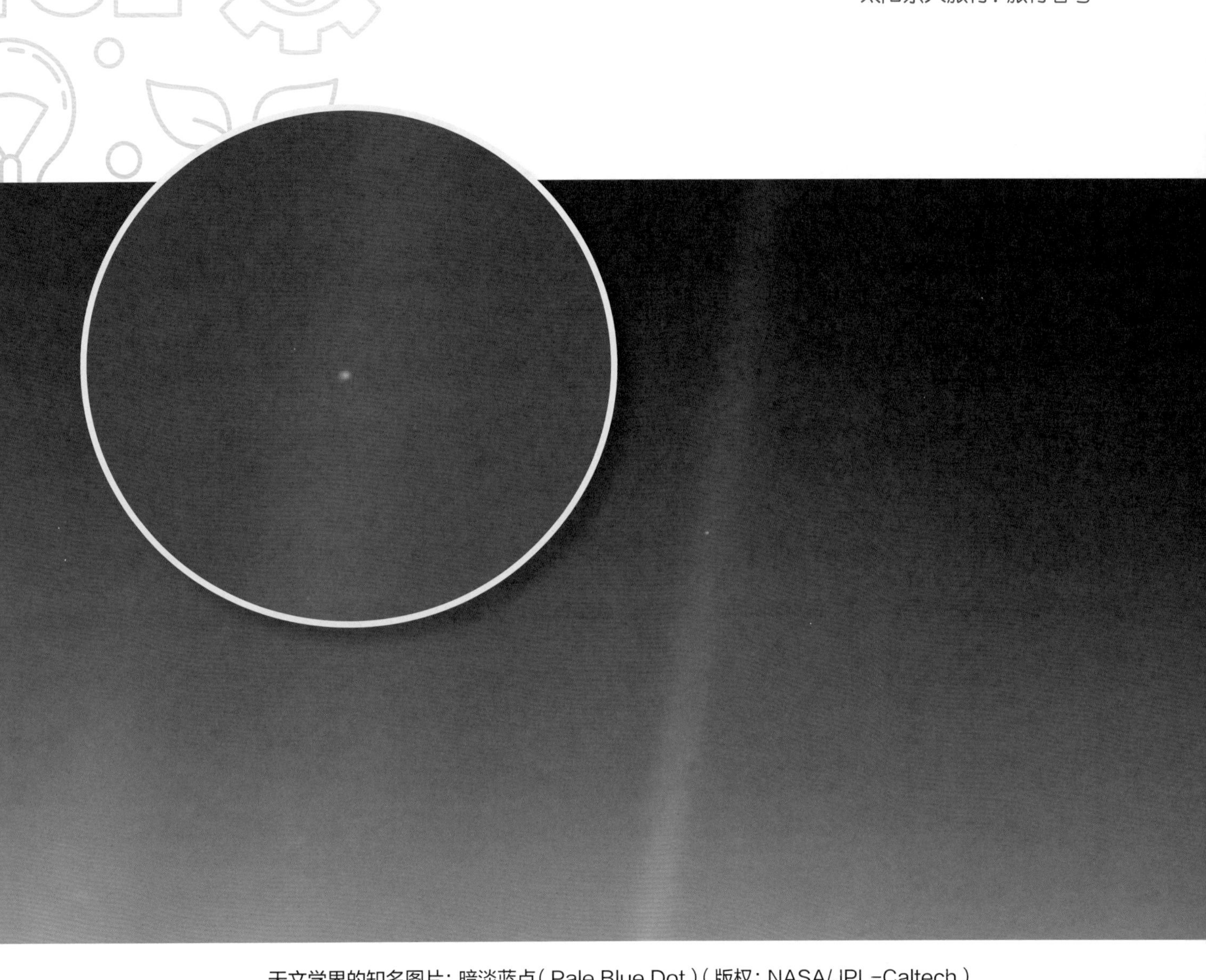

天文学界的知名图片：暗淡蓝点（Pale Blue Dot）（版权：NASA/JPL-Caltech）

蓝黑色的背景中，有一个非常暗淡的小蓝点，它是那样轻微、那样渺小，像黑板上的一粒小芝麻——那是人类的家园，地球。1990 年 2 月，航天器旅行者 1 号在距离地球大约 60 亿千米的地方，朝着太阳的方向拍摄了 60 张照片，这是其中之一。

而就是这张被称为“暗淡蓝点”的照片，看似普普通通，却被评为人类太空探索史上最有象征性的照片之一。为什么这张照片会得到如此高的评价？难道它比人类在月球留下脚印的照片更经典吗？

我们成功地（从外太空）拍到这张照片，仔细看，你会看见一个小点。再看看那个光点，地球就在这里。那是我们的家园，我们的一切。你爱的每一个人，你认识的每一个人，你听说过的每一个人，曾经有过的每一个人……都在那（那粒悬浮于阳光中的微尘）上面，度过了他们的一生。

——《暗淡蓝点》卡尔·萨根

暗淡蓝点（Pale Blue Dot）

卡尔·萨根
（版权：公共领域）

旅行者号的这次拍摄行动，最初是由成像科学团队中的一员、著名科学家卡尔·萨根（Carl Sagan，1934—1996）提议的。他提出让旅行者号在越出海王星轨道、离开黄道面之时，回眸一瞥，给我们的地球家园拍一张照片。要知道，“回眸一瞥”说起来容易，做起来却很难，光是编写指令就要耗费许多脑力，还要消耗宝贵的燃料，而且还不一定有什么科学回报，美国宇航局的官员一开始并不太乐意。但万幸的是，旅行者号还是执行了这个看似意义不大的任务。

直到3月底，这批照片才拖拖拉拉地开始回传，由于中途发生故障，一直到5月份才全部传回。在这些照片中，有一张出现了地球——没错，就是那个小蓝点。

而当这张历经波折的照片公之于众时，没想到竟然引发了轰动。人们看到，偌大的宇宙背景中，地球藏在散射的太阳光中，就像它的名字“暗淡蓝点”一样，相当暗淡，毫不起眼。它无情地揭示了地球在太阳系中的真实模样，以强烈的视觉效果宣告着：嘿，人类，你们在宇宙中实在太微不足道了。这张能够重塑人类宇宙观的照片，也因此成为旅行者号任务中最有意义的瞬间。

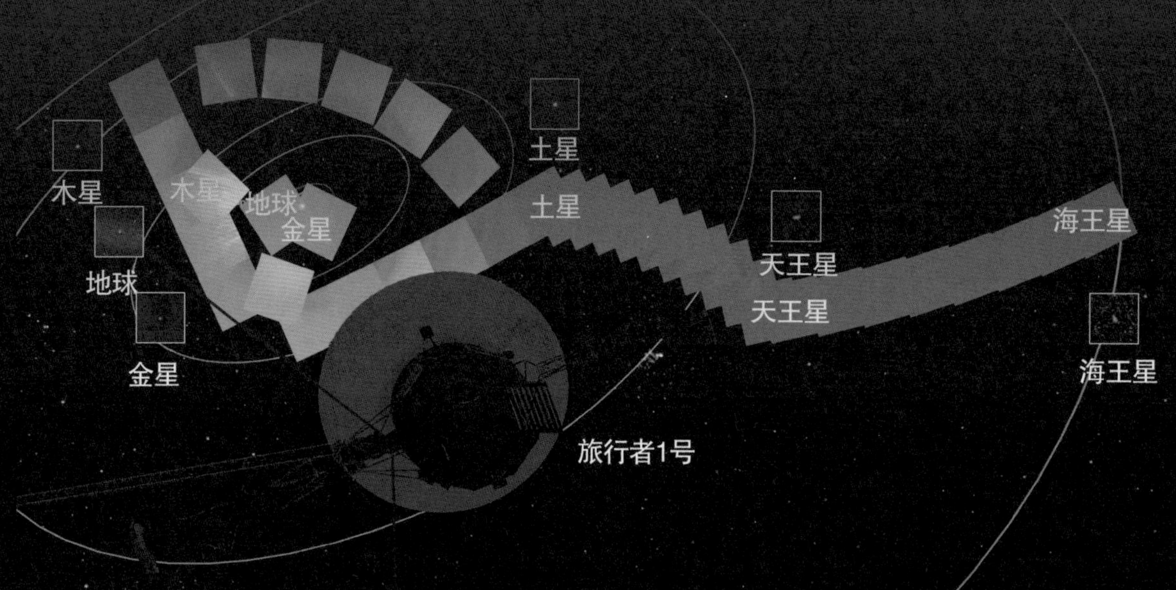

旅行者1号在1990年2月拍摄的各行星照片合成（版权：NASA/JPL）

启示

旅行者号是由美国宇航局于 1977 年发起的一项太空探索任务，是人类历史上最重要的科学任务之一。作为超远距离飞行的航天器，旅行者号此行的任务很多，包括探测木星、土星、天王星、海王星等行星，更意在飞向更远的外层空间，探测太阳风、宇宙射线和宇宙微波背景辐射。与它的主要任务相比，“回眸给地球拍照”这一行动乍听上去微不足道，却意外成为科学史上诗意且震撼的一笔。换一种角度，以一种更宽广的视角去看待我们自己和我们所生活的世界，或许会有意料之外的发现。

引力舞蹈

20 世纪 70 年代以前，人们对土星、木星这些气态行星几乎没有什么了解。直到先驱者 10 号和先驱者 11 号在飞掠时拍下了它们的照片，才大大激发了人们的探索欲。这批照片非常模糊，仅仅展现了气态行星奇特面貌的冰山一角。它们的真实样貌到底怎样呢？美国宇航局在 1977 年

先驱者 10 号于 1973 年传回的木星图像（版权：NASA）

可能你会问：为什么先发射的叫 2 号，后发射的却叫 1 号？这不是顺序颠倒了吗？事实上，决定两个航天器命名的是到达木星的顺序，而不是发射的顺序。虽然旅行者 1 号比旅行者 2 号晚发射了半个月，但它的轨道更短，抄了近路，比旅行者 2 号早 4 个月到达木星。旅行者 2 号之所以“迟到”，是因为它还绕路去了趟天王星和海王星。

派出了一对孪生兄弟为我们一探究竟。这就是本故事的主角——大名鼎鼎的旅行者号探测器。

旅行者号孪生兄弟分别于 1977 年 8 月 20 日和 9 月 5 日，于佛罗里达州卡纳维拉尔角发射升空，发射时间仅差了半个月。先发射的是旅行者 2 号，后发射的是旅行者 1 号，它们是几乎完全相同的。从外观上看，每艘航天器都像一个光秃秃的大锅盖，垂着几条又细又长的“手臂”。“大锅盖”是直径达 3.3 米的高增益天线，用来和地球保持联系。“锅盖”后面是飞船的“心脏”，这是一个复杂的十面体，包含着大量的电子器件。从“心脏”向外延伸出两根吊杆，上面安置着 10 个重要的科学仪器，包括照相机、光谱仪等。整个航天器看似轻盈，但实际上足有 800 千克，和一辆小汽车差不多。

两艘旅行者号飞船开启了它们的传奇之旅，这是一趟非常遥远的旅程，摆在它们面前的头等难题就是——动力。要知道，搭载它们的泰坦三号 E 半人马座火箭只能把它们送到木星附近。如果想飞向土星，需要达到每秒 17.3 千米的速度；如果想继续离开太阳系，需要达到每秒 42.1 千米，这相当于 15 万千米的时速。如何才能达到这么大的速度呢？

旅行者号部件展示（版权：NASA）

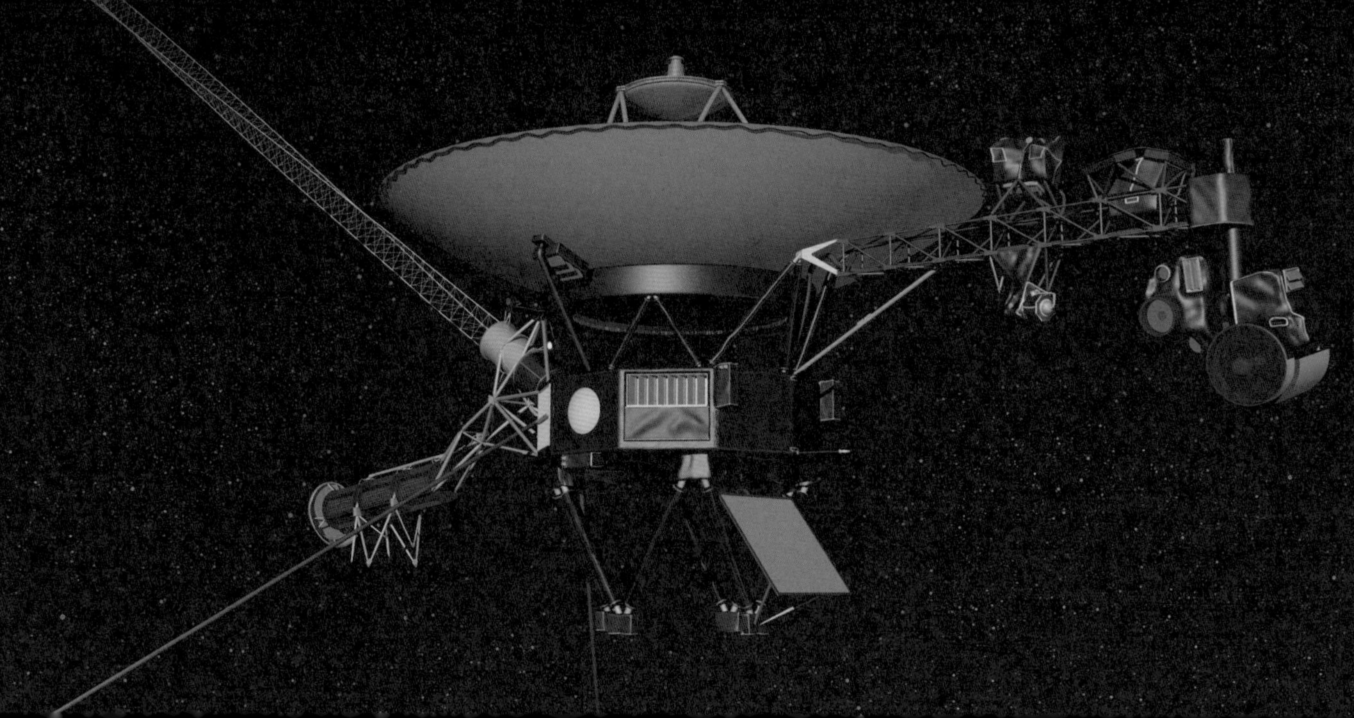

旅行者号的主要动力来源是核能源，它搭载了一台名为RTG的核反应堆。RTG内部的放射性同位素会不断衰变，放出热能，产生电力。那么，为什么旅行者号没有像大多数航天器一样使用太阳能电池板呢？（　　）

A. 太阳能电池板太重，不方便携带

B. 使用太阳能电池板则无法在距离太阳很远的地方继续执行任务

可能有些小读者已经猜出答案了，没错，就是引力弹弓效应。美国宇航局的工程师们早就计划好，在旅行者号到达木星的时候，让“大胖子”木星“推”它们一把，给它们提个速。旅行者2号把引力弹弓玩得非常溜——它先后飞过了4颗气态巨行星，每一次都成功“蹭到”速度，获得了强大的引力助推。像这样能够连续借助4颗大行星的引力弹弓效应的机会，每176年才会遇到一次。利用精妙的“引力舞蹈”，它们成了人类历史上深入太空最为遥远的人造飞行器。

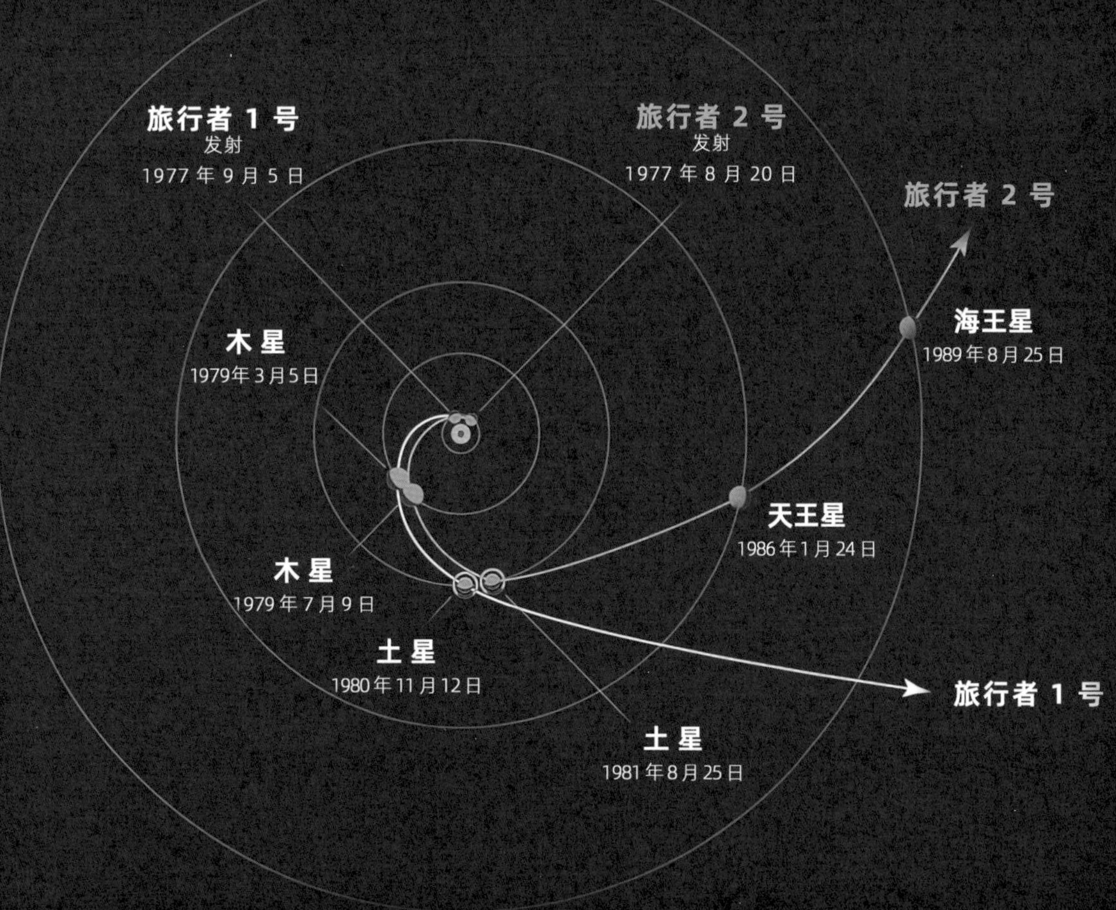

旅行者1号和2号的“引力舞蹈”（版权：NASA/JPL）

引力弹弓效应

引力弹弓效应是指当一个物体接近重力场很强的天体（比如行星或恒星）时，会因为引力的作用被加速，然后被弹回去。这个过程就像用弹弓弹射物体，因此称为“引力弹弓效应”。

这个效应被广泛用于太空探测任务中，可以帮助探测器在不耗费太多燃料的情况下改变速度和方向，到达目的地。

惊喜连连的“旅行”

根据旅行者 1 号传回的图片还原出的木星大红斑（版权：NASA/JPL-Caltech）

行星的卫星是按照其距离行星的远近来排名的。比如，木卫二就是距离木星第二近的卫星；土卫六就是距离土星距离第六近的卫星。

在漫长的征程中，旅行者号获得了大量有价值的科学发现，我们先从它们的第一个目标木星说起。这颗比地球质量大 320 倍的巨大气体行星，还真给人类带来了不少意外惊喜。

旅行者 1 号和旅行者 2 号在 1979 年先后抵达木星，观察了木星上最重要的特征——大红斑。它们发现，大红斑是一个巨大的反气旋，周边有着大量的旋涡和小型风暴，大红斑的面积大得惊人，直径约为地球的 1.3 倍，也就是说，它足以吞下整个地球。

而最让人惊喜的是它们传回的木卫二欧罗巴的照片。旅行者号相机的像素很低，每 2 千米才能成 1 个像素。即使这样，模模糊糊的照片还是让科学家们震惊不已：整个星球呈现迷人的白色，布满了条纹，就像一个充满裂缝的鸡蛋。这个特殊的颜色意味着欧罗巴很可能是个大冰球，不是水冰就是干冰。更多的观测还表明，在冰层之下还可能存在一个液体的海洋。所有信息都让人忍不住浮想联翩。通过这次“曝光”，原本不起眼的欧罗巴立刻成了科学家眼中的香饽饽。

下一个目标是土星。旅行者 1 号在 1980 年初次造访土星，近距离观赏神秘的土星光环，它拍摄下的图像就如艺术品一样精致美丽。据说当时全球约有 1 亿人收看了电视直播，有 500 位来自世界各地的记者报道了这一“人类航空探索史上前所未有的事件”。

旅行者 1 号发现，在巨大的土星环中，不仅有大大小小的环缝，还有许多扭结、疙瘩一样的结构。更令人意外的是，这些由冰和石块混合成的光环，也在进行着精妙的引力舞蹈，像空中的大雁一样，时不时地变化队形。

拜访完土星后，旅行者 1 号向土卫六泰坦星的方向而去，旅行者 2 号则继续向着前方的天王星、海王星旅行。在旅行者 2 号之前，我们对暗弱而朦胧的天王星、海王星了解得很少，旅行者 2 号是唯一飞越这两颗外行星的探测器。

它发现：海王星上风速极大，能达到每小时近 2 000 千米，地球上的龙卷风跟它比起来，简直就是“和风细雨”了。除此之外，它还发现了许多好玩的卫星。比如，天卫五米兰达的直径只有 480 千米，却有着巨大的峡谷和十几千米高的地形。再比如，海卫一特里同是太阳系中最冷的卫星，温度低至零下 235 摄氏度，这种低温几乎足以将任何气体冻成固体。

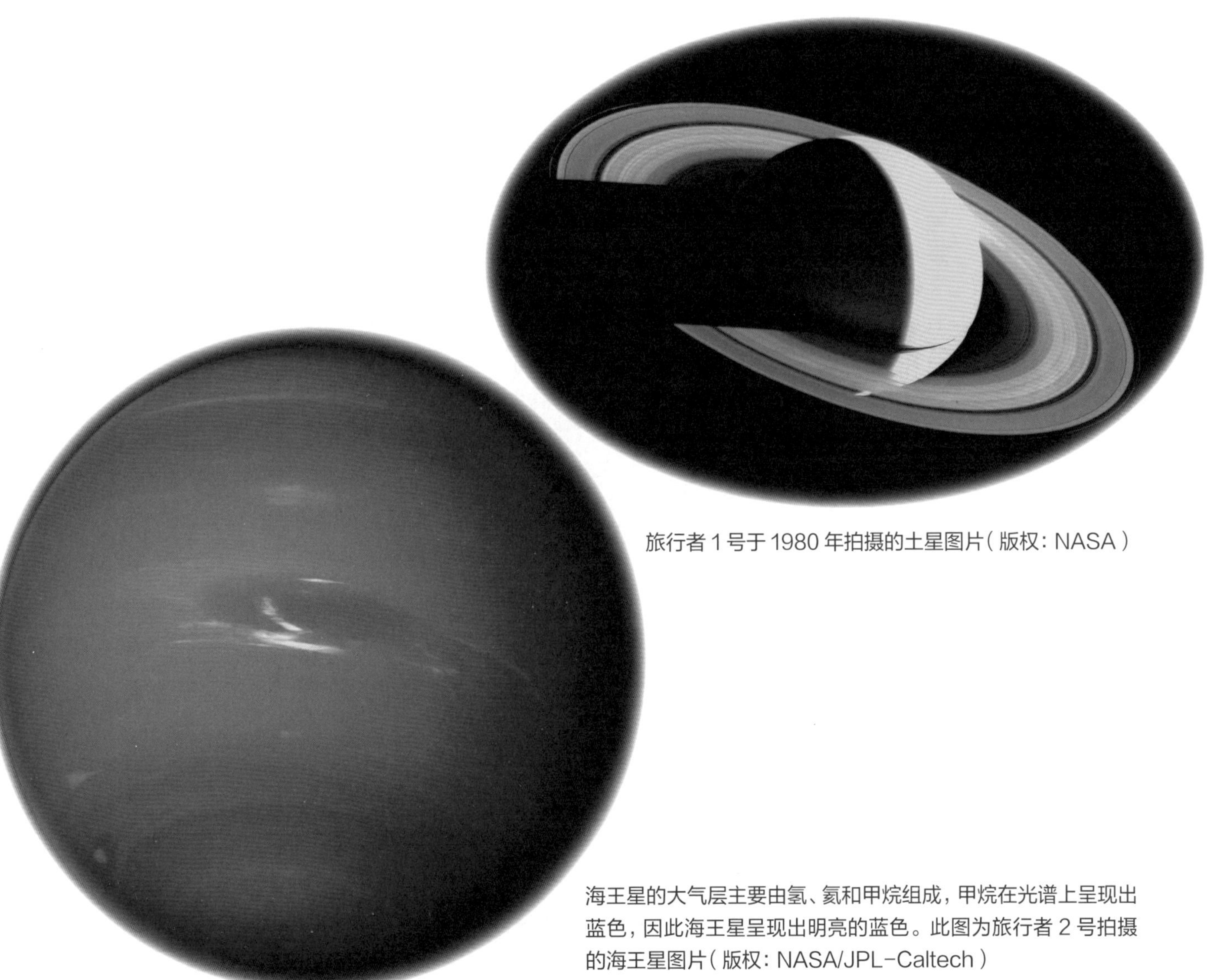

旅行者 1 号于 1980 年拍摄的土星图片（版权：NASA）

海王星的大气层主要由氢、氦和甲烷组成，甲烷在光谱上呈现出蓝色，因此海王星呈现出明亮的蓝色。此图为旅行者 2 号拍摄的海王星图片（版权：NASA/JPL-Caltech）

太阳系有“边界”吗？

离开了天王星和海王星，旅行者 2 号跟随旅行者 1 号的步伐，开始向太阳系更遥远处“流浪”。这无疑是非常激动人心的。它们要闯进此前任何飞行器都从未探访过的神秘地带，这是人类深空探测的一个里程碑。

你知道地球上的极光与太阳风有什么关系吗？

要知道，太阳系中有一种常见的现象——太阳风。“太阳风”可不是地球上的“风”，它是一种从太阳大气层不断流出的带电粒子流，以每小时 160 万千米的速度不断向宇宙扩散，而到了某个“边界”，它会突然降速，像急刹车一样慢下来。这个地方，就是弥漫于恒星与恒星之间的空间区域，充斥着由氢和氦组成的稀薄气体。

2004 年 12 月，旅行者 1 号穿越了这个特殊区域，得到了令人吃惊的结果。在这之前，人们一直以为远离太阳系的空间是很平滑、很无聊的，但事实证明，太阳系的边缘并不光滑，也不宁静。相反，这里充满了宽约 1.6 亿千米的混乱的磁场泡泡。

旅行者 1 号和 2 号进入星际空间（版权：NASA/JPL）

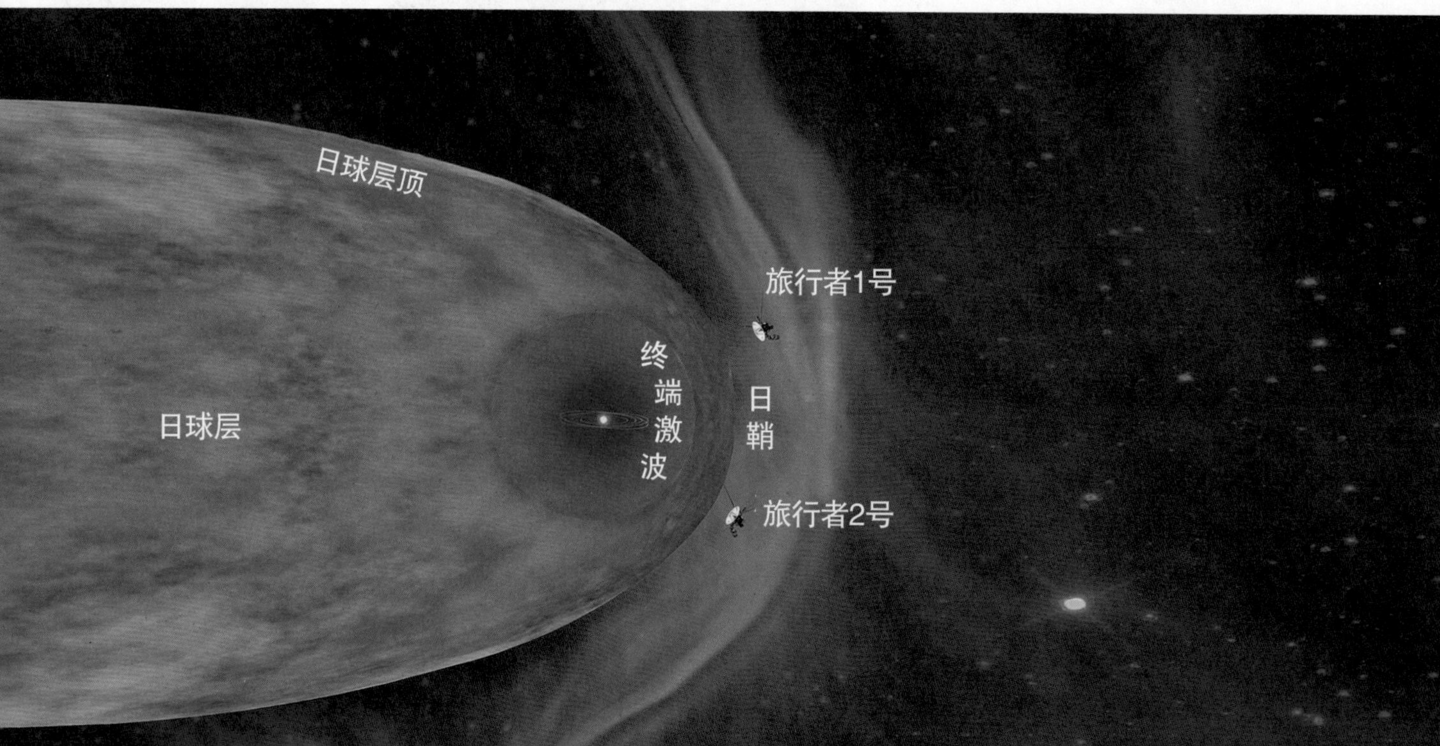

而6年后的2010年12月，旅行者1号观测到它身边的太阳风粒子的速度减到了零，也就是说，它到达了一个太阳风都无法到达的地方，抵达了一个神秘莫测的新世界的边缘——恒星与恒星之间的广阔空间，我们期待它带来更多发现。

送给外星人的礼物——金唱片

在旅行者号所有令人惊叹的任务中，还有一项特别值得一提。那就是知名的旅行者号金唱片。这是一张不折不扣、可以播放的镀金的铜质唱片，长得跟普通唱片一模一样，还有一根用钻石制成的唱针，以方便外星人了解怎么读取唱片内容。这是我们送给外星人的可爱礼物，最早是由法兰克·德雷克（Frank Drake）提议。在真空中，如果没有遭受物理碰撞的破坏，这张唱片可以保存十亿年之久。金唱片已经不是人类送给外星人的第一份礼物了，但它是第一份携带了地球声音、音乐和照片的礼物。当然，这种向外星文明暴露地球信息的行为，在现在看来争议比较大。不过当时的人们，并没有觉得有什么不妥。

旅行者号金唱片（版权：NASA/JPL-Caltech）

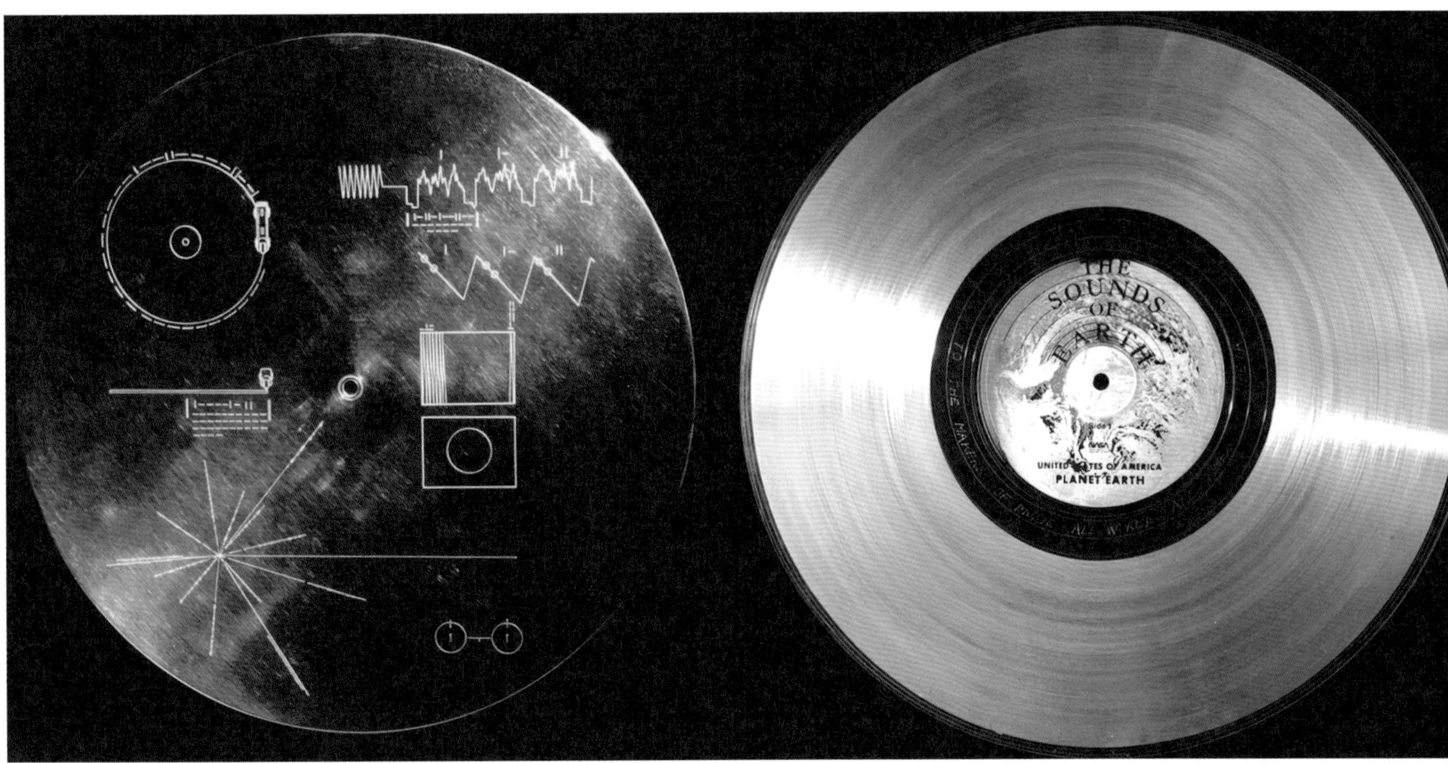

金唱片里面有什么？

旅行者号金唱片中的内容非常丰富。

首先是时任联合国秘书长的问候，然后是包括美国总统卡特在内的 55 种人类语言的问候语音，其中有 4 种是用中国话讲的。

普通话的问候语是："各位都好吧？我们都很想念你们，有空请到这儿来玩。"

广东话的问候语是："各位好吗？祝各位平安、健康、快乐。"

上海话的问候语是："祝侬大家好。"

闽南语的问候语是："太空朋友，汝好！汝呷饱未？有闲来阮这坐坐。"

接下去是一个 90 分钟的声乐集锦，以及 115 幅包罗万象的图片。有写满数学公式的纸，有地球上的自然风光、各种动物，可以说每张都是精心挑选的有代表性的图片。

但是在这些图像中，美国人回避了表现核爆、战争、贫穷、疾病等自曝家丑的照片，看来中国的古训"家丑不可外扬"放到整个人类物种上也是适用的。

而现如今，我国也有了行星探测的系列任务。2020 年 4 月 24 日，第五个中国航天日，国家航天局宣布将我国行星探测任务正式命名为"天问"。我国行星探测的第一个目标是火星，名为"天问一号"，后续行星任务依次编号。未来，我们期待"天问系列"落足更多行星，在天文史上留下更多中国故事。

探求科学真理，征途漫漫。直到现在，40 多岁"高龄"的旅行者号仍在奔往星际太空的路上，不断向我们发回微弱的信号。我们在航天器身上投注了美好的希望，也清醒地明白，这些希望很可能会落空。但航天行动本身，就向宇宙中的其他生命表明了人类的一种品质：物理上，我们是相当脆弱的，我们可能会走向灭绝；但精神上，我们始终保持乐观，即使在最坏的情况下也依然能够保持希望。这种本能的无畏可能早在智人出现时就拥有了，直到现在，依然如故。

光环和冰的世界：卡西尼号

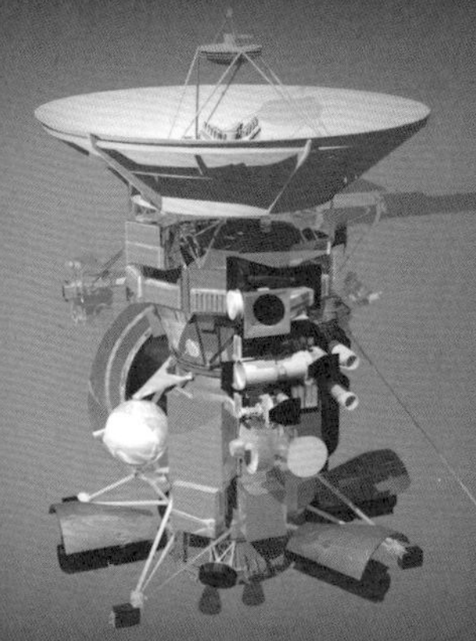

你将了解：

卡西尼 – 惠更斯号的飞掠路线

泰坦星是否存在生命

外星球上的海洋

卡西尼号在土卫二上空“打水漂”（版权：NASA/JPL-Caltech）

恩克拉多斯星（Enceladus）即土卫二，是土星的第六大卫星，也是太阳系中最亮的卫星，其表面被冰层覆盖，几乎能百分之百地反射阳光。

巨大的卫星表面，一个渺小的身影正孤独地飞越，像即将叮进皮肤的一只小蚊子。其实，这只“小蚊子”是著名的卡西尼号太空探测器。2008 年 10 月 9 日，卡西尼号飞到土卫二恩克拉多斯星的上空，距离近到了不可思议的 25 千米，像要一头扎进去，影像团队贴切地把这种行为称作“打水漂”。而恩克拉多斯星上一道道亮起的“白光”，是速度高达 2 189 千米 / 小时的羽状喷发物。有科学家猜测：在恩克拉多斯星的冰层下面很有可能存在液态水，而火山像一把高压水枪，把液态水喷到了几万米的高空！

人类的飞行器如此近距离观测遥远卫星上的喷流，这科幻感十足的场景，像是科幻大片的截图，留下了经典的画面。

那么，科学家的猜测是否正确？这些喷流到底意味着什么？卡西尼号还有哪些发现？这要从故事最初开始讲起……

穿越土星光环"迷宫"

1997 年 10 月，总质量约 6 吨的卡西尼 – 惠更斯号空间探测器被发射前往十亿千米之外的土星。飞行了多年后的 2004 年 7 月，卡西尼号终于到达土星上空，闯入了土星的光环迷宫。这根平均厚度仅为 20 米的土星环给远道而来的卡西尼号来了个下马威，上演了惊险一幕。

卡西尼像穿针眼一般，进入土星环的缝隙，与大大小小的颗粒高速并行，一不留神就可能遭受撞击。要知道，在远离地球的土星上空，哪怕是一点小小的剐蹭，都可能给飞船带来严重的后果。为了保证安全，卡西尼号不得不暂时放弃与地球通信，把高增益天线偏离朝向地球的方向，一边小心翼翼地调整角度，一边启动小火箭，以极高的精度进行减速，使自己能成功被土星捕获。

经过一波可谓惊心动魄的操作，卡西尼号终于穿过"迷宫"，有惊无险地开启了它的土星绕行之旅。这段小小的插曲让不少科学家胆战心惊。要知道，卡西尼 – 惠更斯任务是美国宇航局最复杂也最具雄心的太空任务之一。他们计划将捆绑在一起的一大一小两个探测器一起送入土星轨道，大的主探测器叫卡西尼号，小的叫惠更斯号。

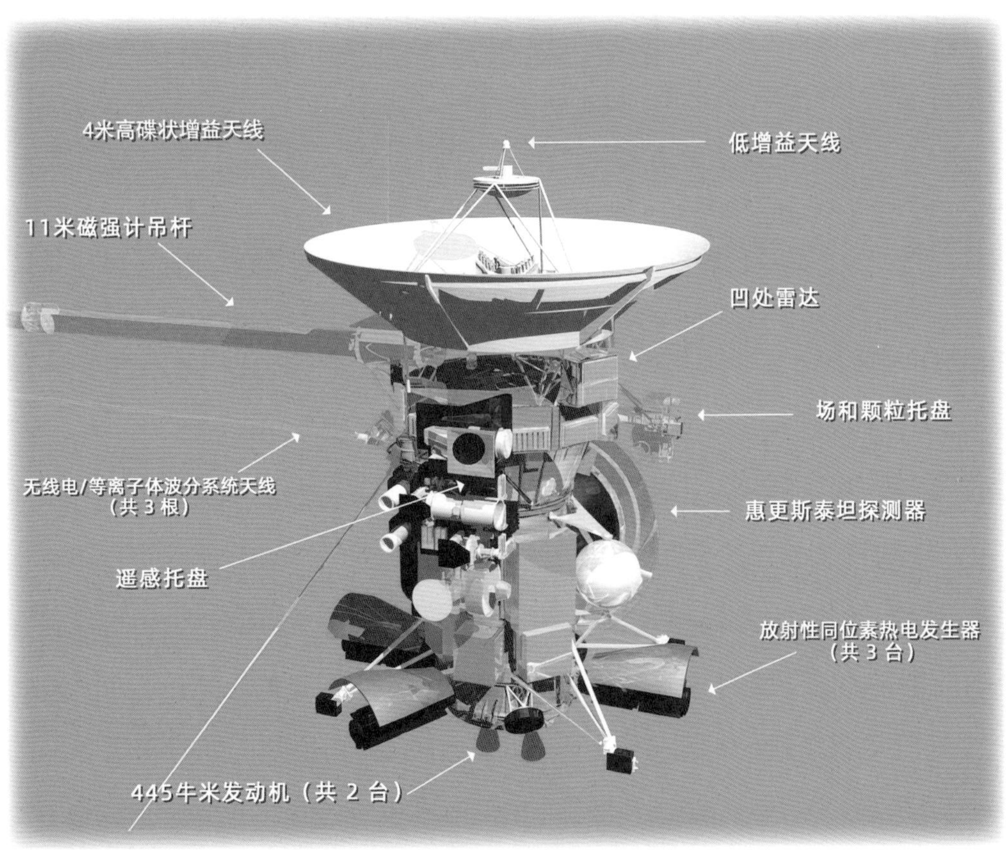

卡西尼 – 惠更斯号部件图（版权：NASA）

惠更斯号的目标是着陆土卫六（泰坦），而卡西尼号则会常驻土星轨道进行探测。这个从1982年就开始启动的项目，共耗费了美国宇航局、欧洲空间局和意大利航天局大约32.6亿美元。而最终卡西尼号也用自己的实力证明，所有花费都是值得的。

卡西尼－惠更斯号的名称由来

许多空间探测器都由科学家的名字命名。“卡西尼号”是为了纪念17世纪意大利天文学家乔凡尼·多米尼克·卡西尼（Giovanni Domenico Cassini），他发现了土星的四颗卫星——土卫八、土卫五、土卫四和土卫三，以及土星环中的环缝。

“惠更斯号”是为了纪念天文学家克里斯蒂安·惠更斯（Christiaan Huygens），他第一次发现土星环，在此之前伽利略认为那是土星两侧的卫星。

乔凡尼·多米尼克·卡西尼
（版权：公共领域）

克里斯蒂安·惠更斯
（版权：公共领域）

启示

所有的外太阳系大行星都有光环，但没有哪一个光环，能比得上土星光环吸引着一代又一代天文学家的目光。人类对于土星环的认识也并不是一蹴而就。1610年7月，伽利略用自制的望远镜观察到了土星环，但因为成像不好，他并没有意识到这是一个“环”。他描述道：“土星不是单一的个体，它由三个部分组成……中央部分（土星本体）大约是两侧（环的边缘）的三倍大。”他也把土星描述成是有“耳朵”的。1655年，克里斯蒂安·惠更斯使用了比伽利略时代强得多的望远镜，观测到完整的土星环，他写道：“它（土星）被一个薄且平坦的环环绕着，环与土星没有接触，并且相对黄道倾斜。”而现在，借助卡西尼号的近距离观测，我们知道土星环的直径跨度可达25万千米。这告诉我们：科学的发展离不开工具的进步。人类的“眼睛”越先进，对宇宙的认识也就越深刻。

想一想

美丽的土星环给人类探测器的到访造成了哪些困难？假设你是科学家，你会如何创造性地解决这些困难？

复杂的“抛掷游戏”

土星与地球间的直线距离是 12 亿千米，但卡西尼号为了到达土星，整整走过了 35 亿千米，约是最短直线距离的 3 倍。为什么卡西尼号多走了这么多弯路呢？答案是——为了节约动力，不断借用引力弹弓效应。

卡西尼号自己产生射电波或者微波，用直径长达 4 米的高增益天线发射到目标上，然后“聆听”微弱的回波信号。这种方式可以更深入地探测土星大气，寻找更多细节。

卡西尼号的路线让人眼花缭乱。先飞向金星，利用金星的引力弹弓效应第一次加速，绕太阳一圈后再次遇到金星，做第二次加速。紧接着，又遇上地球，利用地球把自己甩向木星。而木星才是整个飞行计划中最关键的一环，这个“大胖子”在接过卡西尼号后甩手把它扔向土星。

经过一番复杂的“抛掷游戏”，卡西尼号终于抵达土星上空。你以为它可以休息了？当然不能！路途中的几次抛掷只是“小热身”。在完成核心任务期间，为了能从各个角度观测土星和它的卫星，卡西尼号整整绕行土星 140 圈，共 70 次借用“小胖子”土卫六的引力帮助，线路之复杂令人咋舌。

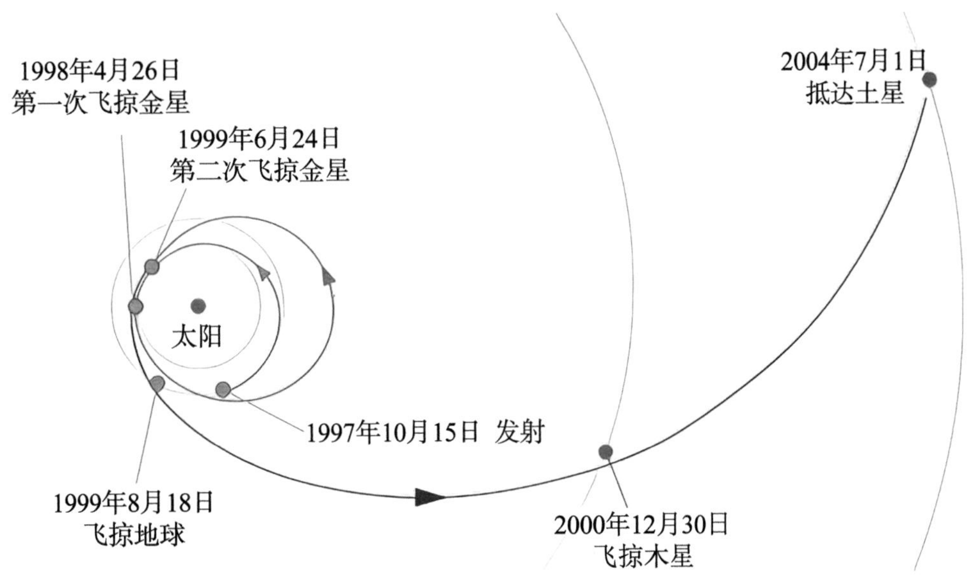

卡西尼号的轨道（版权：NASA）

令人失望的“泰坦”

虽然不能着陆，只能飞掠，卡西尼号依然能够对土星及其卫星进行许多科学探究。卡西尼轨道器携带了 12 台科学仪器，惠更斯探测器携带了 6 台。就像瑞士军刀一样，这些科学仪器合则为一，分离出来又各有用处。仪器大致可以分成三种类型：一是使用可见光的遥感测量，比如用于拍摄各种各样怪异的土星照片；二是使用微波的遥感测量；三是针对飞船附近环境的研究。

在卡西尼号长达 13 年的绕行任务中，有一个短暂、刺激而又美妙的中心“独奏”——放下惠更斯号，让它在土卫六泰坦星上降落。虽然这个任务仅持续了一个多月，却是卡西尼任务的高光时刻。

卡西尼号做出的关于土星的新科学发现（版权：NASA/JPL-Caltech）

要知道，惠更斯号的电池仅仅能连续工作 3 个小时，它的工作时间是极其宝贵的。为什么把机会给了泰坦星呢?

泰坦星是太阳系中的第二大卫星，看似平凡无奇，却拥有着比地球还要深厚的大气层，并且大气层最主要的成分也是氮气——氮气占 98.4%，甲烷占 1.4%、氢气占 0.2%。我们都知道，地球的大气层也是氮气最多，并含有甲烷。有些想象力比较丰富的天文学家就设想：在泰坦星上，是否能有一种外星生命以液态甲烷为溶剂，在厚厚的云层下生活呢？泰坦星勾起了科学家们的强烈好奇。

惠更斯号于 2004 年 12 月 25 日与卡西尼号脱离，开始环绕着泰坦星飞行，并在 2005 年 1 月 14 日开始缓缓降落。整个降落过程持续了近两个半小时。降落成功后，科学家们簇拥在任务控制室的监视器前，紧盯着这荒凉而令人惊奇的景观长达 90 分钟，远远长于预期的 30 分钟，直到电池最终衰竭。

惠更斯号看到的景象——一片平坦的戈壁滩，上面布满大大小小的石块，像是水流冲刷形成的鹅卵石，圆滚滚的。从后来公布的资料得知，这些石头其实是水冰。

那泰坦星上到底有没有外星生命呢？只能说，科学界尚无定论，但对泰坦星抱有生命幻想的科学家不是很多。

要知道，泰坦星的表面温度大约是零下 179 摄氏度，其内部也没有存在热源的迹象，这是一个极端寒冷的世界，不可能找到液态水。而迄今为止，人类尚没有发现任何脱离液态水还能保持活动状态的生命形式。

在来到土星之前，人们对泰坦星上可能存在生命抱有极高的希望，但惠更斯号告诉我们：希望多大，失望就有多大。但很快，卡西尼号就得到了一个重大发现，像是意外获得了一项巨奖，让所有人一扫阴霾，而这也成为卡西尼号土星之行的最大收获，没有之一。

泰坦上的惠更斯号（版权：NASA）

惠更斯号在下降过程中拍摄的泰坦星全景景象（版权：ESA/NASA/JPL/University of Arizona）

惠更斯号拍摄的泰坦星部分景象（版权：ESA）

“小透明”成了香饽饽

2005 年 2 月 17 日，已经抛出了惠更斯号着陆器的卡西尼号轻装上阵，飞到距离土卫二恩克拉多斯星 1 264 千米的位置，拍摄了一张照片。没想到一石激起千层浪，在照片中，能清晰地看到恩克拉多斯星表面喷出了羽毛状的喷流。科学家们激动不已：这说明了它存在着火山活动！更令人惊讶的是，卡西尼号上的仪器分析出，恩克拉多斯星表面喷出的物质竟然是经过电离的水蒸气，换句话说，恩克拉多斯星上有水，而且可能水量惊人。

从此，这个最初没什么存在感的“小透明”成了香饽饽，卡西尼号最重要的使命就是一次又一次地飞掠恩克拉多斯星。2008 年，喷气推进实验室的科学家汉森发现有一些羽状物的喷发速度高达 2 189 千米 / 小时。他认为：如果是星球表面上的冰被喷出后升华成了水蒸气，不太可能达到这么大的速度，最大的可能性就是在恩克拉多斯星的冰层下面存在着液态水。

经过大量认真的研究，2014 年 4 月 3 日，美国宇航局正式宣布：计算表明，在恩克拉多斯星南极附近 30 千米厚的冰层之下，有着一个深达 10 千米的冰下海洋。这绝对是一个震惊世界的大发现，这意味着我们继木卫二（欧罗巴）之后，又发现了一个地球以外的海洋。

让人惊喜的发现不止这些。2017 年 4 月 13 日，卡西尼项目的科学家琳达·斯皮尔克（Linda Spilker）宣布从恩克拉多斯星的羽流中发现了氢，并且它可以在海底为可能存在的微生物提供能量。恩克拉多斯星满足人类已知的地球生命形式所需的几乎所有条件！

想想看，如果一个远离太阳的小卫星都可以宜居，那么整个银河系中潜在的生命世界就可能飙升到数十亿个。这绝对是一个让全人类激动万分的发现。

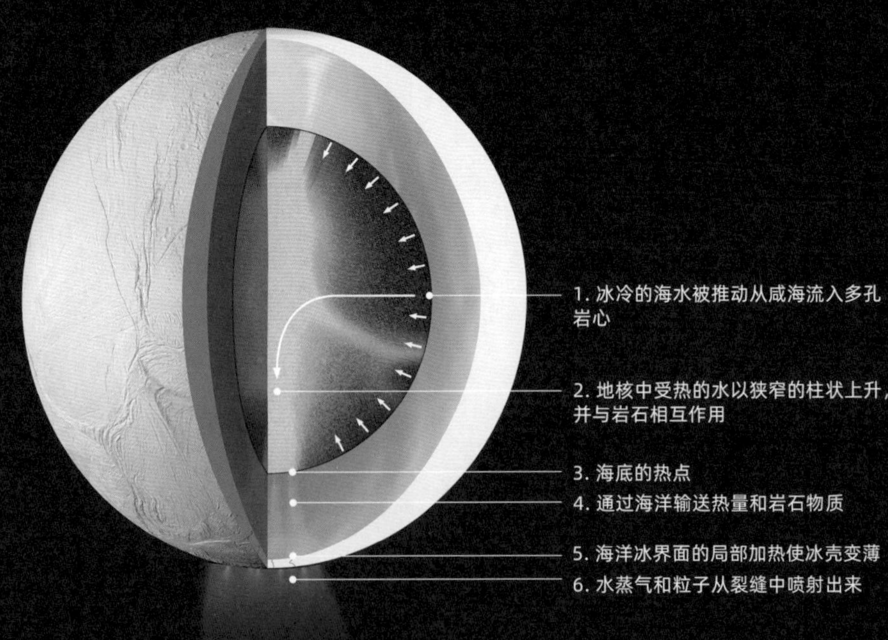

恩克拉多斯星“喷泉”的作用机制（版权：表面：NASA/JPL-Caltech/Space Science Institute；内部：LPG-CNRS/U. Nantes/U. Angers；图片合成：ESA）

2017 年 9 月 15 日，功绩满满的卡西尼号要结束它辉煌的一生，走向终章。为了防止可能携带的微生物污染外星球，卡西尼号的告别方式格外悲壮——义无反顾地冲进土星大气层，在高温中分解、烧毁，干干净净，片甲不留，就好像把英雄的骨灰撒在了他所热爱的土地。

即使在生命的最后时刻，卡西尼号仍然在进行着科学研究。它用携带的质谱仪对土星大气进行采样，并实时发送回地球，直到它彻底成为土星的一部分。

有一种浪漫的说法：其实太空离我们并不远，大概只有 100 千米，如果车子可以直着往上开，那么大约一个小时就能到达外太空。但是，如果太空旅行像开车去郊外野游一样简单，那宇宙探索也就不再激动人心了。从古至今，人类对天空的好奇心与探索欲从未消减。从月球、火星，再到遥远的土星，我们用科技一步一步地拓宽人类足迹的边界，任务越艰巨，我们得到的犒赏也越丰厚。

卡西尼号的终章轨迹（版权：NASA/JPL）

动人的“船长日记”

卡西尼号生命结束的那天，仪器团队首席科学家卡洛琳·波尔科（Carolyn Porco）在她专为卡西尼号建立的网站上，发布了深情的“船长日记”（Captain's Log），摘录如下：

我们来了，我们见证了，任务完成了。

末日如期而至。在此篇文章发布的数小时内，卡西尼号将在土星大气层中燃烧……一场千吨级的爆炸，在空中呈流星般以光和火形象散开，炫目的闪光将宣告来自另一个世界的孤独使者正在逝去。在那一刻，那个黄金般的机器，如此忠诚而坚强，将成为历史，这场漫长行进的劳苦和辉煌即将结束。

对于我们这些被指派在很久以前踏上这个旅程的人来说，这是一个艰难的30年，需要我们付出无法估量的专注和永不停息的奔跑。但是作为回报，我们非常幸运——能工作和玩乐于太阳之外的那片乐土。

我和我的成像团队成员非常幸运地成为这个历史时期的记录者，传回来的激动人心的视觉图像，记录了我们在土星周围的旅行和我们在那里发现的荣耀。这是我们送给地球居民的礼物。

因此，我现在面对这迫在眉睫的终结，既怀念又感伤，也有一种无限的自豪感，这是一项完成的承诺和工作。可以肯定的是，我们很难在短期内再次看到像卡西尼这样丰富的任务返回到这个星球环绕的世界上，承担像我们在过去的27年中承担的如此巨大的责任。

……

现在，我卸任了（船长的身份）。很高兴得知卡西尼的遗产和我们的遗产中，有我和卡西尼共同书写的传奇故事，这份遗产和这个故事会传承很久很久。

卡罗琳·波尔科

2017年9月15日

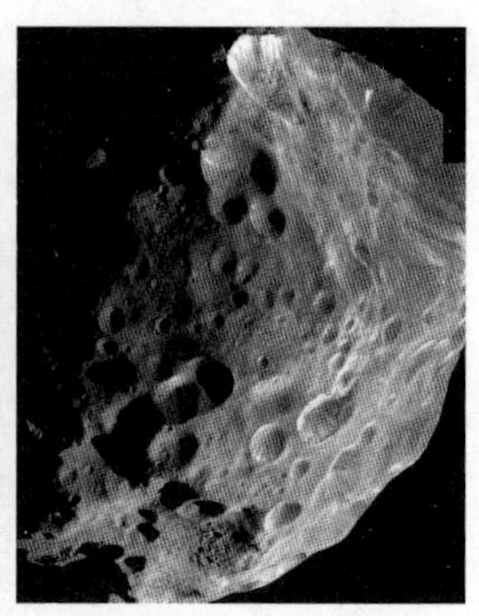

左：2002年10月31日，抵达土星前20个月，卡西尼号拍下的第一张测试照片，左上角的小点为泰坦星；中：2004年5月，卡西尼号观测到的土星风暴；右：卡西尼号接近土星时拍摄的照片（版权：NASA）

捕捉彗星物质：星尘号

你将了解：

太阳是“二代目”恒星的推断

星尘号的任务

星尘号上的气凝胶收集器

星尘号的发现

模糊的轮廓，坑坑洼洼的表面，像漏气的气球一样，向外喷射着气体……你可能想象不到，在拍摄这些照片时，星尘号正努力与维尔德 2 号彗星缩小速度差距。尽管非常努力，它们之间的速度差还是达到了 2.1 万千米 / 小时，相当于子弹出膛速度的 5 倍。在有限的时间里，星尘号争分夺秒地给维尔德 2 号彗星拍下了 72 张照片，同时完美执行了此行最重要的任务。

那么，星尘号为什么要如此费力地与这颗彗星近距离相遇？它的任务到底是什么？

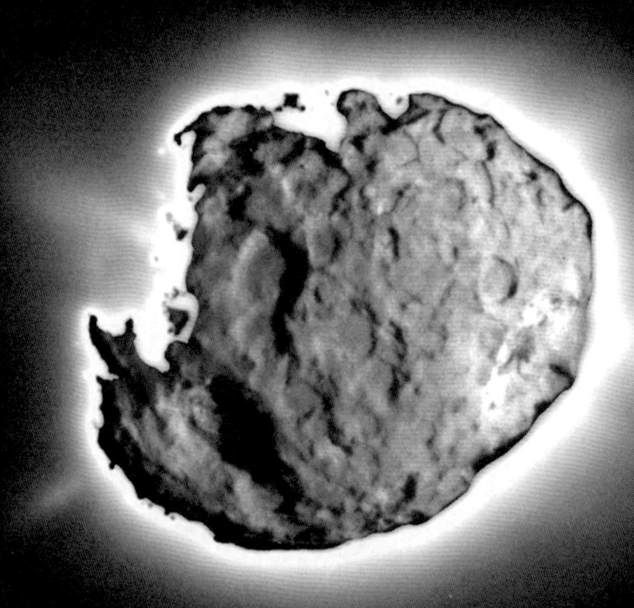

2004 年星尘号探测器拍摄下的维尔德 2 号彗星的组合图像（版权：NASA/JPL）

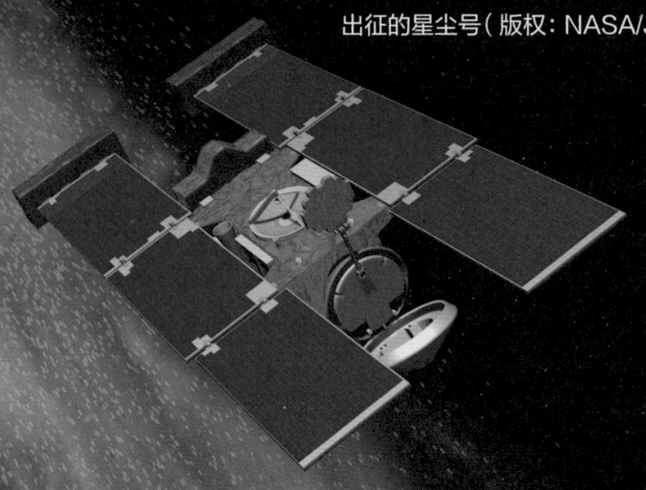

出征的星尘号（版权：NASA/JPL）

为何要去“抓”彗星的尾巴？

大多数人都不知道，科学家认为我们每天都能看到的太阳是一颗“二代目”恒星。“二代目”的意思就是说，在太阳系诞生之前，现在的位置是另外一颗更大的恒星，就像“恒星妈妈”。“恒星妈妈”在50多亿年前突然爆发，成了一颗超新星。然后，这颗超新星爆发后留下了一片星际尘埃，这些星际尘埃在万有引力的作用下逐渐聚集起来，越来越大，再次发生核聚变反应，就成了我们今天的太阳。

哇，这可真是听上去很厉害的结论。这个结论到底是怎么得来的？科学家们凭什么肯定太阳是“恒星妈妈”的“孩子”？原因就藏在太阳系中的元素里。科学家们通过理论计算得知，凡是比铁更重的元素（如铜、银、金），都无法在恒星的核聚变熔炉中生成。得到这类元素的唯一途径，只有超新星爆发时产生的超高温和超高压。而比铁更重的元素广泛地分布在我们的太阳系中，它们都是“恒星妈妈”变成超新星、再爆发后喷出的“二手材料”。

当然，这些只是基于科学理论的推断，除了理论，我们还需要证据。证据在哪里呢？也许不起眼的彗星能给我们一些线索。

太阳系形成早期的艺术图（版权：NASA）

在太阳系形成的初期，一些小天体被甩到了非常遥远的外太阳系。那是一个冰冷黑暗的世界，像一个尘封的“冰箱”，让原始的物质保持了最初的状态。偶尔有一些小天体被大行星的引力拉扯而偏离了原有轨道，掉进了内太阳系，就会成为一颗彗星。

彗星在靠近太阳时，受到阳光的照射，冰冻的物质就会受热蒸发，形成长长的彗尾。

彗星和它的彗尾，就是我们能“抓取”到的最直观的“证人”，它们身上藏着太阳系早期物质的信息。而相比之下，去彗星上抓取样本比较难，收集彗尾喷发的物质更容易实现。这也就是本故事的主角——星尘号探测器的使命。

启示

听上去再可靠的推论，也必须经过观测数据和实验结果的验证，才能被最终确认。没错，科学家们就是这么严谨。黑洞的证实就是最好的例子。最初，科学家通过观测星系中星体的运动轨迹，发现了一些质量极大且密度极高的天体，推测它们可能是黑洞。后来，果然通过探测黑洞周围的引力波和光谱等现象的方式，证实了黑洞的存在。这启示我们：科学精神要求我们在提出任何推论时都应该遵循科学方法，在缺乏足够证据的情况下是不能轻易做出结论的。这也就是常说的“实证第一”原则。

“处心积虑”的相遇

既然“捕捉彗尾物质”的方案已经确定，那下面最重要的任务就是选择一颗合适的彗星作为捕捉对象。星尘号选中了维尔德 2 号彗星。

为什么是它呢？这与维尔德 2 号彗星的轨道有关。过去，这颗彗星每 43 年靠近内太阳系一次。但是它在 1974 年路过木星的时候，被木星的引力拉扯了一下，轨道改变，轨道周期一下子缩短到 6 年，轨道半径也大大缩小。离地球最近的时候，与地球到火星的距离差不多。更关键的是，这颗彗星刚绕着太阳转了 5 圈，还基本保持着过去的样子，没有被改变。所以，这颗彗星成了最佳观测对象。

那么，如何收集彗尾中的尘埃颗粒呢？其实，收集很容易，难点在于如何用最“温柔”的方式“抓住”这些尘埃颗粒，而不破坏它们的形状。科学家们想破脑袋，终于想到了一个完美的材料——气凝胶。

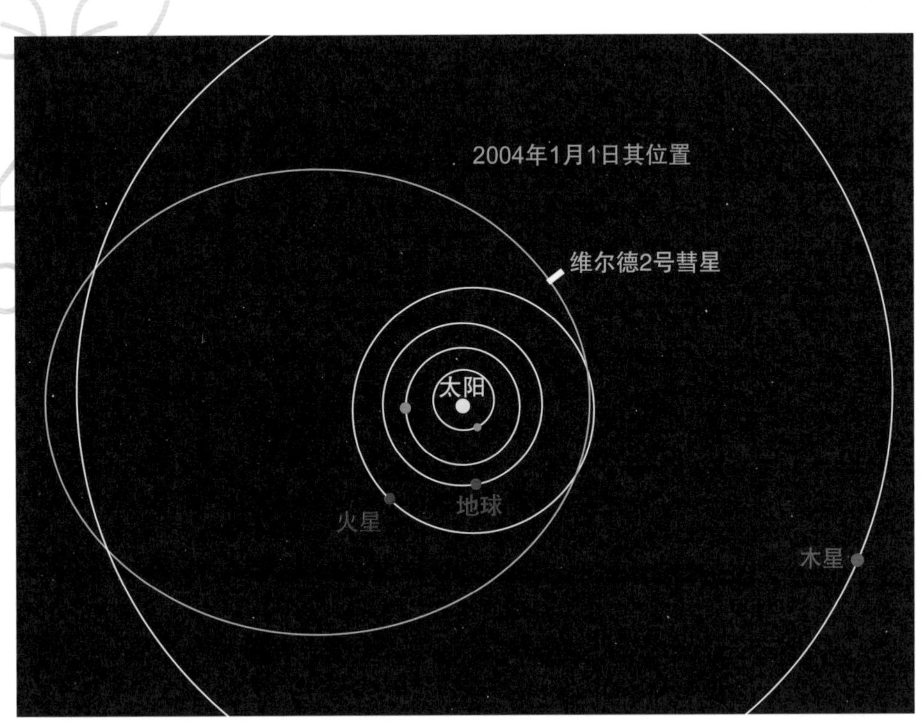

维尔德 2 号彗星在 1974 年 9 月后的轨迹，其离地球最近的时候就是星尘号与其相遇的最佳时间（版权：NASA/JPL）

星尘号上的气凝胶收集器（发射前拍摄）（版权：NASA/JPL-Caltech）

“气凝胶”听上去有点抽象，你可以把它简单地理解为一种网格非常纤细的海绵，有些科学家叫它们“固体烟雾”。它们确实像烟雾一样轻，一大块固体几乎没什么重力，甚至比同体积的空气还轻。但是，就是这种比空气还轻的材料，能够承受相当于 4 000 倍自身重的压力。

这种特殊的“超级海绵”的网眼大小刚刚好，粒子能进去，出不来，会被卡在网眼里。它的密度又恰到好处，使得粒子进入时不会被损坏。而且，高速粒子打进气凝胶时还会留下轨迹，就像子弹打进肥皂里，会留下一条清晰的“弹道”。

那么星尘号如何行动呢？它的轨道设计极其复杂，总体来看，是一个围绕太阳旋转的大椭圆。这个椭圆必须恰到好处，能够刚好穿过维尔德 2 号彗星的运行轨道，与它完美相遇。取完样之后，它还要继续沿着椭圆轨道运行，刚好穿过地球轨道，而且和地球相遇，把装着气凝胶的返回舱扔回地球。怎么样，“两次相遇”是不是听起来难度极高呢？这要求时间上必须算得非常精准，差一点都会失之交臂。

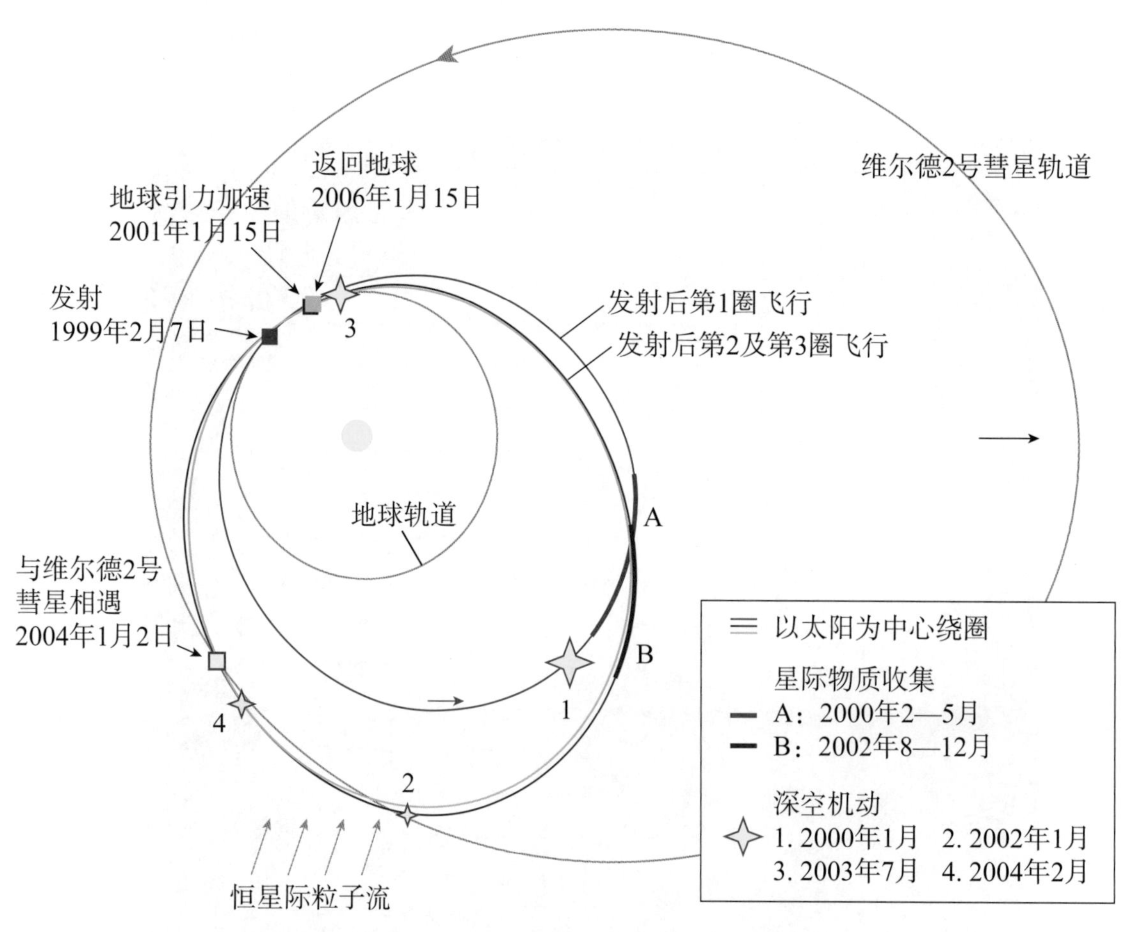

此图为星尘号任务轨迹与维尔德 2 号彗星轨迹（版权：NASA/JPL）。
计划中，星尘号将在发射升空 5 年后与彗星相遇（1999—2006）

“超级海绵”回家了

1999 年 2 月 7 日，星尘号由美国宇航局发射升空。发射之后，它利用地球的引力弹弓效应，非常快地追上了维尔德 2 号彗星，并在 2004 年 1 月 2 日与之相遇。在这短暂且珍贵的时间里，星尘号就近拍了 72 张照片。这颗彗星的尺寸大概是 5 千米，到处都是坑坑洼洼的。而在穿过彗尾的 8 分钟里，星尘号更是争分夺秒地利用气凝胶收集器收集了大量的样本。一系列的顺利操作让科学家们长舒一口气。接下来最重要的任务就是把返回舱准确地“扔回”地球了。

在地面科学家们的殷切关注下，星尘号不负众望，精准地按照计划飞行。协调世界时 2006 年 1 月 15 日 10 时 12 分，返回舱准确地掉在了犹他州的沙漠里，像是高尔夫运动中精彩的“一杆进洞”。人们把返回舱辗转运到超洁净的研究室，科学家们围绕着它，无比激动又小心翼翼。

宝贵的样品回到地球，立刻得到了非常细致的观测。一台特殊的显微镜，对不同深度的气凝胶“疯狂”拍照。从表面开始，到样品 100 微米深处，一层一层地拍摄，得到了大量照片。

照片量实在太大了，科学家们看不完，最终决定把 160 万张图片分发到网上，由业余天文爱好者的电脑来分析识别。可能你会想：这些照片难道谁都能分析吗？我可以吗？当然，有电脑就行！安装分析程序后会自动识别，电脑一有空闲，程序就会调用算力对图像进行分析，不需要什么特殊操作。

研究人员兴奋地比“YEAH”（版权：NASA）

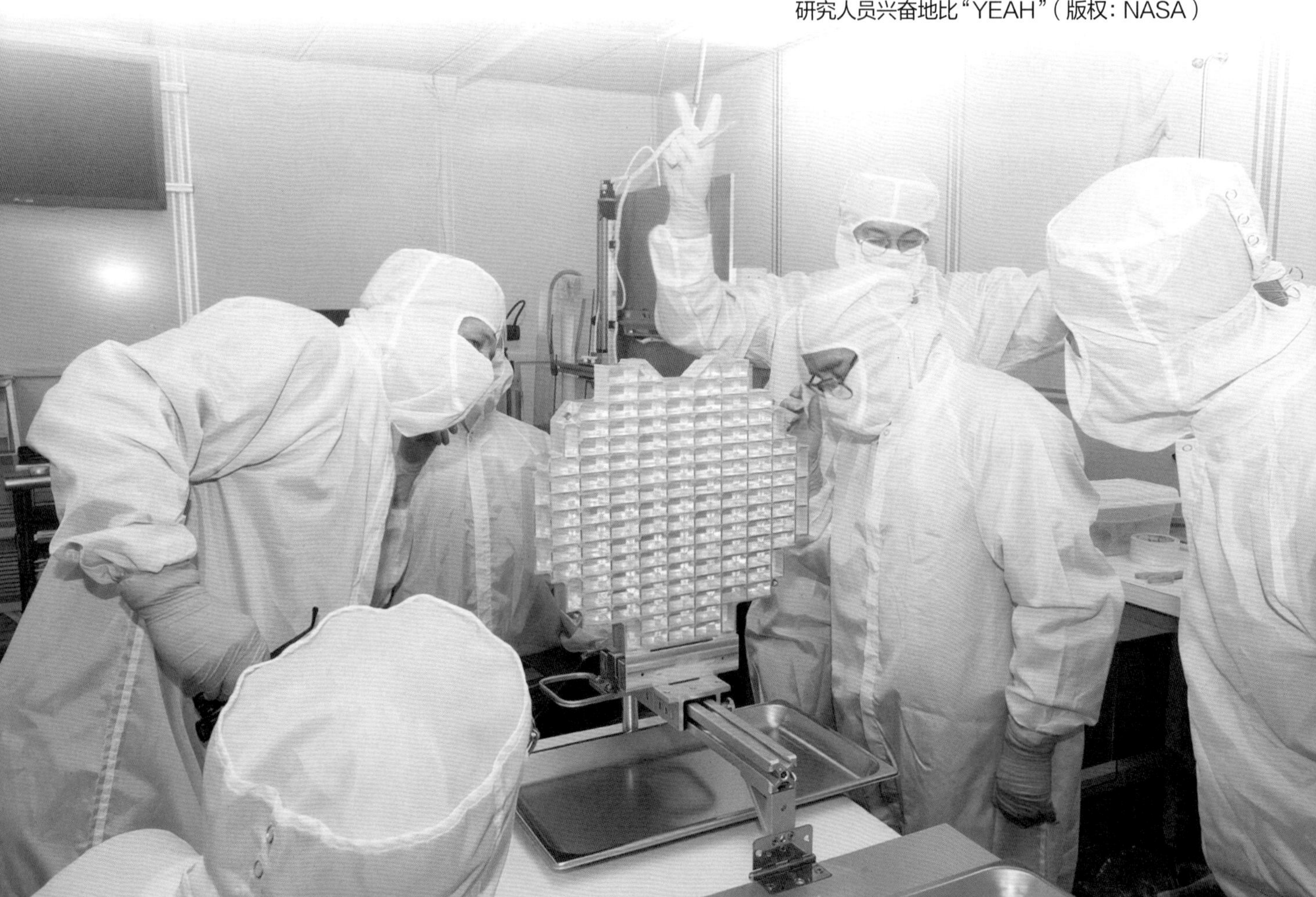

当然，电脑不是万能的，它分辨不出太微小的颗粒。要知道，气凝胶上粒子留下痕迹最长的也不过 1 毫米，0.1 毫米这个量级的都不多。机器无法识别的照片，只能交给业余天文爱好者去人工识别了。

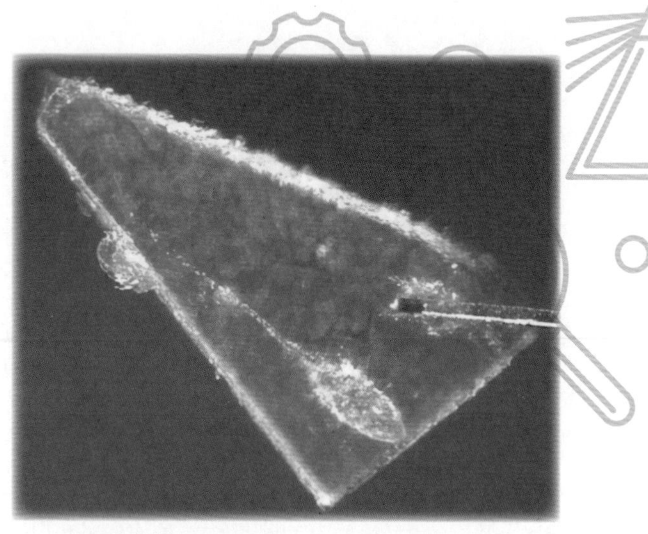

需要业余天文爱好者人工识别的图片示例
（版权：NASA/JPL）

刷新认知的发现

读到这儿，你是不是迫切地想知道星尘号的任务到底有没有完成呢？它是否带回了太阳是“二代目”恒星的证据？遗憾的是，在星尘号收集到的物质中，前太阳系时期的星尘物质含量太少了。也就是说，维尔德 2 号彗星并不是由“恒星妈妈”留下的物质所组成，它们大部分是由“恒星妈妈”的“孩子”——太阳附近区域形成的物质组成的。

但也不用太失落，换个角度来说，维尔德 2 号彗星能提供太阳系行星和卫星们在 45 亿年前如何形成的重要线索。虽然与最初的目的不同，但这个结果还算不错。

过去，科学家们认为太阳系根据温度内外分层，越远离太阳的地方越冷，外太阳系应该是冰雪的世界，彗星包含的物质应该主要是冰雪。但是星尘号带回的信息和这个判断并不相符。

星尘号气凝胶里收集的颗粒中，包含着两种岩石成分，都必须“高温炙烤”而成。其中一种是球粒物质，只有在围绕太阳运动时被高温“烤化”，再快速冷却才会形成。而另一种物质比较罕见，被称为钙铝难熔包体（CAI），这种不规则的白色颗粒只能形成于极高的温度之下。

想一想，如果外太阳系是冰冷的世界，怎么会有高温呢？所以，科学家们猜想，彗星上的物质都是在太阳系还年轻的时候诞生于内太阳系，后来才被“扔”到了边缘地带。也就是说，太阳系中内圈外圈的物质是可以交换的，有的天体被甩出去，有的天体掉进来，像来来回回地“扔铁饼”。这绝对是一个刷新认知的观念，我们过去建立起来的模型需要进行大幅度修订，比如气态行星成因的模型。

除此之外，星尘号采集回来的样本还带来了很多新的发现。

过去，我们认为短周期彗星来自柯伊伯带，长周期彗星则来自极其遥远的奥尔特云，它们来源不同、泾渭分明。而现在却发现了介于两者之间的海王星外天体。这样一来，原本简单的划分方式就发生了混乱，也让我们充分体会到了宇宙的复杂性。

另外，还有研究团队在星尘号收集到的微小颗粒中发现了甘氨酸，这是一种氨基酸。这意味着氨基酸作为一种构成生命的基本零部件，是可以通过彗星传递的。

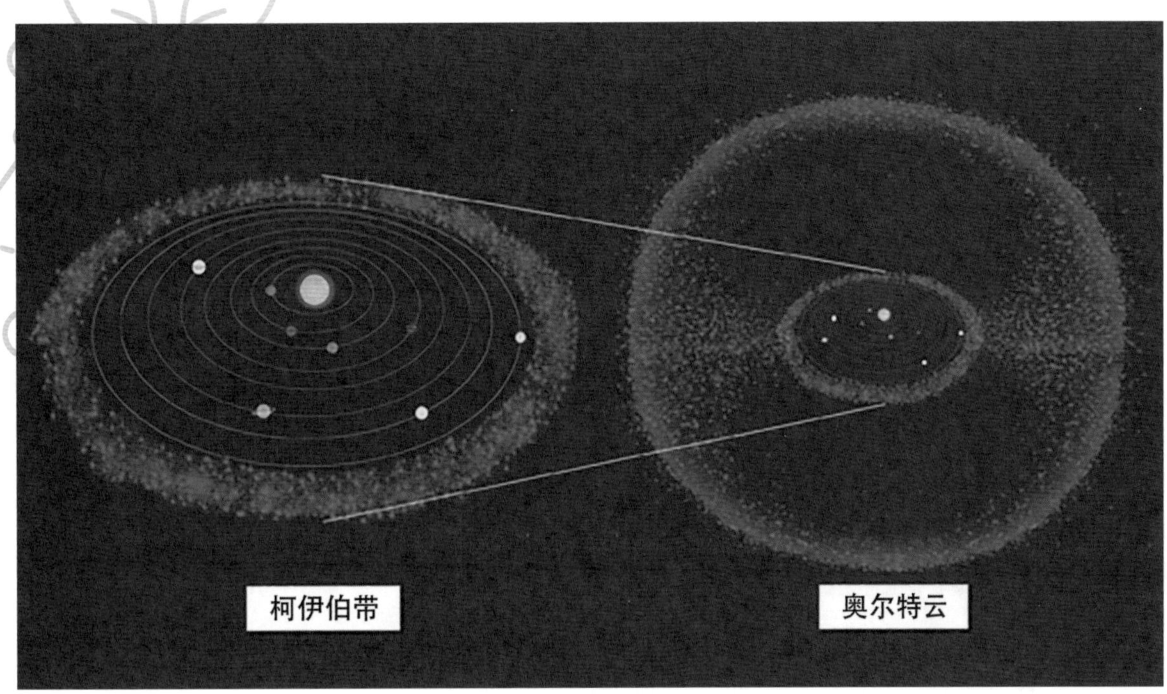

柯伊伯带与奥尔特云（版权：ESA）

气态行星的内核是什么？

在过去的天文学家眼中，离太阳较远的 4 个气态行星——木星、土星、天王星、海王星的内核应该是个“大雪球”。

就拿木星来说，由于很冷，它刚刚形成的时候应该到处都是雪球、冰球。雪球互相碰撞，粘在一起越滚越大，最后达到了十几个地球质量。当质量达到一定界限，这个大雪球就获得了一个本事，那就是吸附比较轻的氢和氦（宇宙间最丰富的物质）。木星开启了“赢家通吃”的模式，仅仅 1 000 年，就从十几个地球质量暴涨到了 312 个地球质量，成了太阳系最大的行星。

土星比木星差一些，没有抢过这个“大师兄”，所以质量比木星小。而天王星和海王星只能抢到一些“残羹剩饭”，倒是甲烷的比例高一些，因此它们都是蓝色的。

而现在，科学家们开始怀疑：气态巨行星的内核到底是不是个大雪球呢？是不是有可能尘埃占了多数，是个泥球？从星尘号的发现来讲，这个想法是有依据的。

尽管星尘号带回了丰富的信息，但这对于彗星研究来讲仍然是管中窥豹。继星尘号之后，2005 年 7 月 4 日，一个名叫“深度撞击”的探测器向坦普尔 1 号彗星开始了探索。

而我国在太阳系深空探测方面也不甘落后。预计 2024 年，我国将会发射一颗名为“郑和号”的小行星探测器。“郑和号”将会在太空中工作 10 年，造访小行星 HO3 并带回样品。把样品送回地球后，“郑和号”也会飞往更远的太空去探索彗星身上的奥秘。

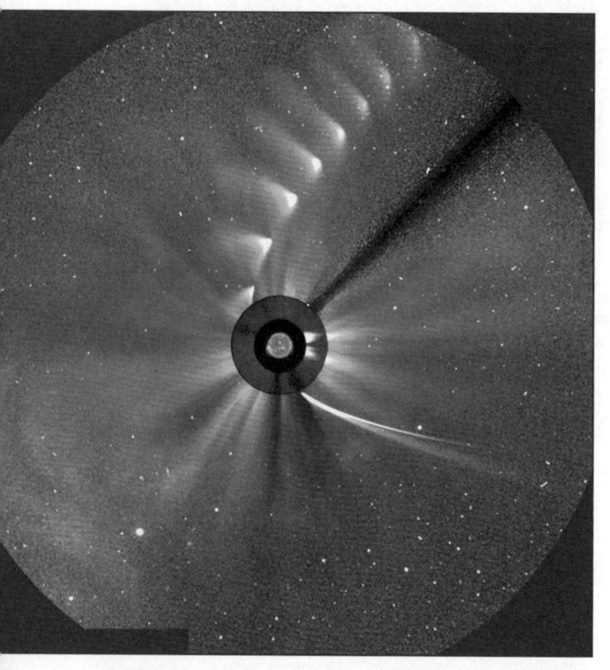

此图为 2013 年 11 月 28 日由 SOHO 观测到的 ISON 彗星的延时照片（版权：ESA/NASA/SOHO/SDO/GSFC）。ISON 彗星从右下角进入，向右上方移动，变得越来越暗，可清晰见其移动的轨迹。中间红色的是太阳

2009 年 2 月 3 日，从弗吉尼亚州国家公园的树丛中拍到的被称为“绿色彗星”的卢林彗星（版权：NASA/Bill Ingalls）

想一想

“尊敬的我国科学家团队：

英国天文学家爱德蒙·哈雷在公元 1682 年首次观测到哈雷彗星，而 1758 年，人类再次有幸目睹了它的出现。作为人类最为熟悉的彗星之一，哈雷彗星引发了广泛的兴趣和研究。

基于这一背景，我建议我国发射一艘类似于星尘号的探测器，以深入探究哈雷彗星的奥秘。通过这样的探测任务，我们将能够获得更多有关彗星的重要数据和信息，对于宇宙研究的进展将具有重要意义。

我真诚希望您能够考虑采纳这个建议，期待您的回复！”

假设你是国家航天局的工作人员，接到了一封这样的来信，你会如何回复他？

哲学家总是在问：我们是谁？我们从哪里来？或许，这两个问题的答案就藏在那些远离太阳的遥远小天体上，因为它们就是太阳系的活化石。人类永远都不会停止对太阳系起源的探索，因为不断探寻，是我们每一个人深藏在内心之中的本性。

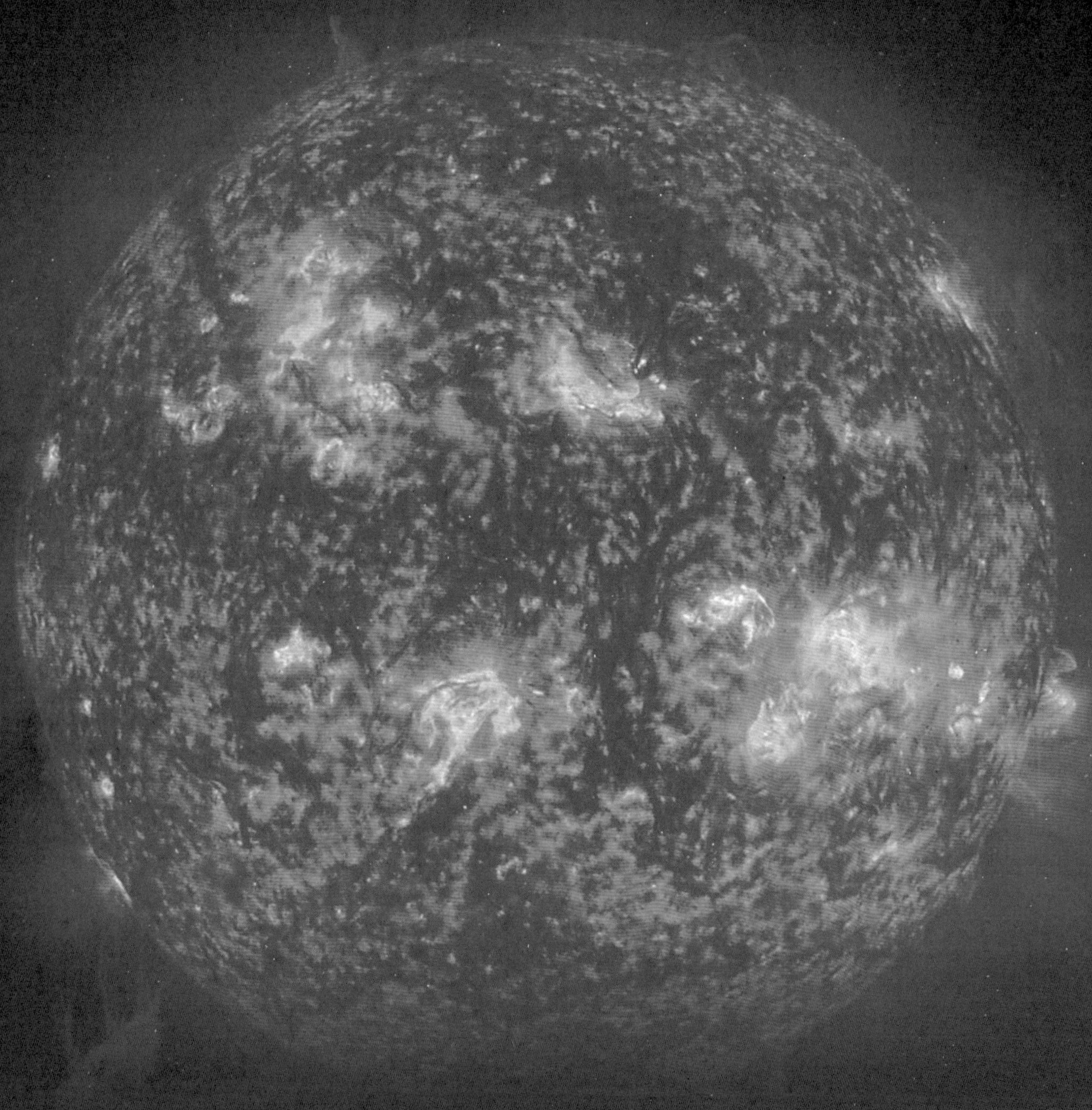

与躁动的恒星一同生活：SOHO

你将了解：

人类对太阳黑子、耀斑的认识

SOHO 探测器的惊险经历

太阳产生的空间天气对人类的影响

太阳声波振荡的数百万种模式的电脑模拟图
（版权：NSO/AURA/NSF）

硕大的球体模型，表面交错分布着红色、蓝色的色点，其中的红色表示远离，蓝色表示向我们而来，而中间一处剖开的截面，展现了其内部的结构，科技感与未来感十足。这是根据 SOHO 探测器传回的数据，人们第一次推导出的太阳的三维图像之一。科学家们利用惊人的全息成像技术重建了太阳深处的特征，就像给太阳拍了一套 X 光片。

没错，SOHO 探测器是与众不同的，它的目标不是飞向某个行星，而是独一无二的、炙热滚烫的太阳。那么，SOHO 逐日的任务有哪些？它又有哪些独特的经历呢？

太阳“打喷嚏”，地球也遭殃

在天文望远镜发明之前，人类一直对我们头顶的太阳了解很少，在长达两千多年的时间里，没有人发现太阳黑子的存在。1610 年，伽利略首次观察到了太阳黑子。在他眼里，那就是太阳上面出现的几颗黑点，像美女脸上的雀斑，但这些“雀斑”不是一动不动的，而是会随着太阳转动。

那个时候，大家觉得太阳黑子跟地球没什么关系，并没有把它放在心上。但后来的科学家们发现，欧洲曾在 17 世纪的很长一段时间里，经历可怕的冰冻期，荷兰人甚至都可以在夏天到运河上滑冰。而不知是不是巧合，那一时期的太阳黑子数急剧下降，甚至几乎一颗都没有。这段太阳黑子数极小的时期被称为“蒙德极小期”。人类第一次开始意识到：哦，原来太阳活动可能会影响地球天气。当然，这仅仅是一个猜想，并没有过硬的证据。

到了 1859 年，另一个相似的“诡异”事件发生了。两位科学家观测到太阳上出现了白光耀斑，紧接着 2 天后，地球就

耀斑是太阳表面区域发生的短暂的、极其亮烈的现象。在可见光波段中，耀斑通常呈现为一片亮白色区域，周围被黑暗的太阳表面所环绕。

遭遇了一场几乎是千年一遇的磁暴。这场剧烈的磁暴让极光不再是身处南北两极才能看到的自然奇观，墨西哥、夏威夷等靠近赤道的低纬度地区的居民首次目睹了绚丽的极光。

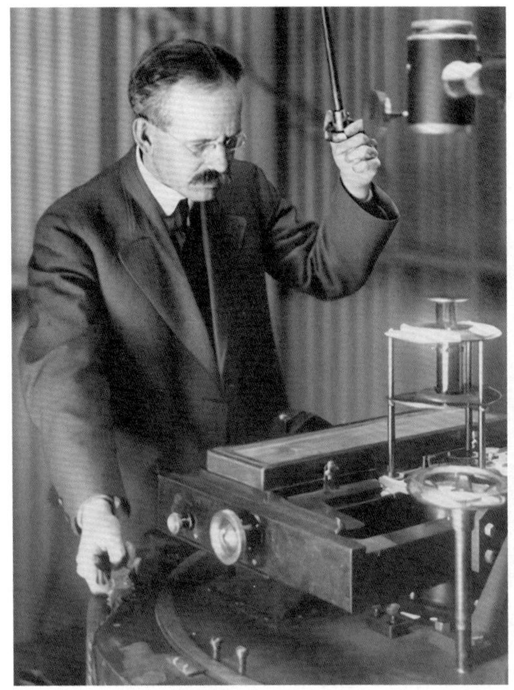

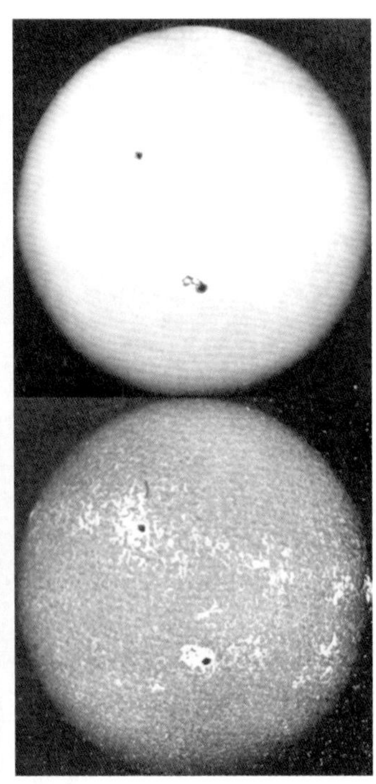

左图：海耳与他研究太阳耀斑的仪器（版权：Caltech Archives）
右图：威尔逊山天文台 1906 年拍摄的太阳黑子的光谱照（版权：NASA）

磁暴不只带来了低纬度地区的极光，还干扰了几乎全世界的电报系统。磁暴在电报线路中产生了强大的感应电流，即使关闭电源，发报机依然可以工作。电报接线员甚至遭到了来自仪器的电火花袭击。

那么，这场磁暴真的是太阳耀斑引起的吗？ 40 年后，乔治·埃勒里·海耳（George Ellery Hale，1868—1938）在加州的威尔逊山上建造了第一台详细研究太阳耀斑的仪器，确认了耀斑和地球磁暴之间存在 2 天的延迟关系——真凶似乎真的是太阳！

启示

越来越多的事例反映出太阳活动与地球天气的关系，而太阳黑子对地球温度的影响尤为明显。为什么在太阳黑子少的时期，全球气温会降低呢？科学家们发现，可能是由于太阳黑子周围要比太阳表面的其他地方亮，所以一旦黑子少了，太阳就会暗一些。而在 20 世纪 70 年代，科学家们通过数字探测器发现，太阳的亮度在一个活动周期里的变化幅度仅为千分之一。太阳表面如此微小的亮度差异，真的会导致地球上如此显著的温度变化吗？太阳黑子、太阳耀斑和远在一亿五千万千米外的地球的天气究竟有关吗？要想证实两者的相关性，需要充足的观测数据，因为科学是用证据说话的。地球上的证据已经发掘得很多了，下一步就是要靠近太阳，让探测器上的科学仪器帮忙取证。

南澳大利亚卡潘达地区当时遭遇的极光（版权：科学声音）

大难不死的 SOHO

为了解决太阳活动的谜团，本故事的主角——SOHO 登场了。SOHO（Solar and Heliospheric Observatory）是“太阳和太阳圈探测器”的首字母缩写。1995 年 12 月 2 日，SOHO 搭乘阿特拉斯火箭在佛罗里达的卡纳维拉尔角成功发射。它的大小和复杂性都与卡西尼号不相上下，在 SOHO 的可用空间里挤满了 12 台仪器，可以用来进行从磁场到 X 射线的各种测量，就像一把多功能的瑞士军刀。

特别值得一提的是 SOHO 的位置，简直就是观测太阳活动最好的 VIP 座席——地-日第一拉格朗日点。这个特殊的空间点位可以保证探测器不被地球或月球遮挡，对观测太阳来说是最有利的。其他太空任务也都希望能使用这个点位，但它们只有眼馋的份，这是 SOHO 的专享“巢穴”。SOHO 一边与地球步调一致地绕太阳运转，一边绕着地-日第一拉格朗日点缓慢绕转，享受着无遮无挡的绝佳视野。

然而，在发射 3 年后，SOHO 遭遇了一次重大挫折，几乎命悬一线。

1998 年 6 月 24 日晚上，SOHO 进入了紧急姿态控制模式，需要调整姿态，重新对准太阳。这是 SOHO 升空以来第 6 次进入这种模式，工作人员并没有把它放在心上。但是，几小时后，

SOHO 并没有像以往那样好起来，反而越来越糟——陀螺仪故障导致姿态失控，姿态失控导致太阳能电池板无法供电，电力不足进而导致温度控制系统和通信线路停止工作——研发投入过亿美元的硬件设施随时可能变成一堆废铁，毫无响应。

控制室里弥漫起紧张的气氛，NASA 和欧洲空间局紧急召开了一次专家诊断会议。专家判断这次失控是人为错误导致的，而且后果将非常可怕——SOHO 的太阳能板此时刚好是边缘朝向太阳，无法供电，再这样下去，它的温度会从 100 摄氏度降到零下，渐渐进入冰冻状态，对电池和燃料造成不可逆的损伤。

由于 SOHO 处于失联状态，地面控制室的工程师们毫无办法，只有等待。他们抱着一丝渺茫的希望给 SOHO 发送信息，但一直没有回音。终于，在 SOHO 失联一个月后，希望来了。阿雷西博巨大的 305 米射电天线又试探着向 SOHO 发了一个信号，SOHO 居然给出了微弱的回应——它正以每分钟一圈的常规速率自旋，它还活着！这简直是一个奇迹。

经历这次风波后，SOHO 似乎更耐用了。没有一个科学仪器在温度从 100 摄氏度降到零下 120 摄氏度的过程中遭受损

SOHO 计划首先是欧洲空间局提出的，共有 14 个国家超过 300 名工程师参与了设计和建造，美国宇航局负责发射和地面操控，它非常好地证明了国际合作的力量。

阿雷西博望远镜是世界上最大的射电望远镜之一，它的反射面是一个直径达 305 米的巨大碗状天线，可以接收来自宇宙的射电波。

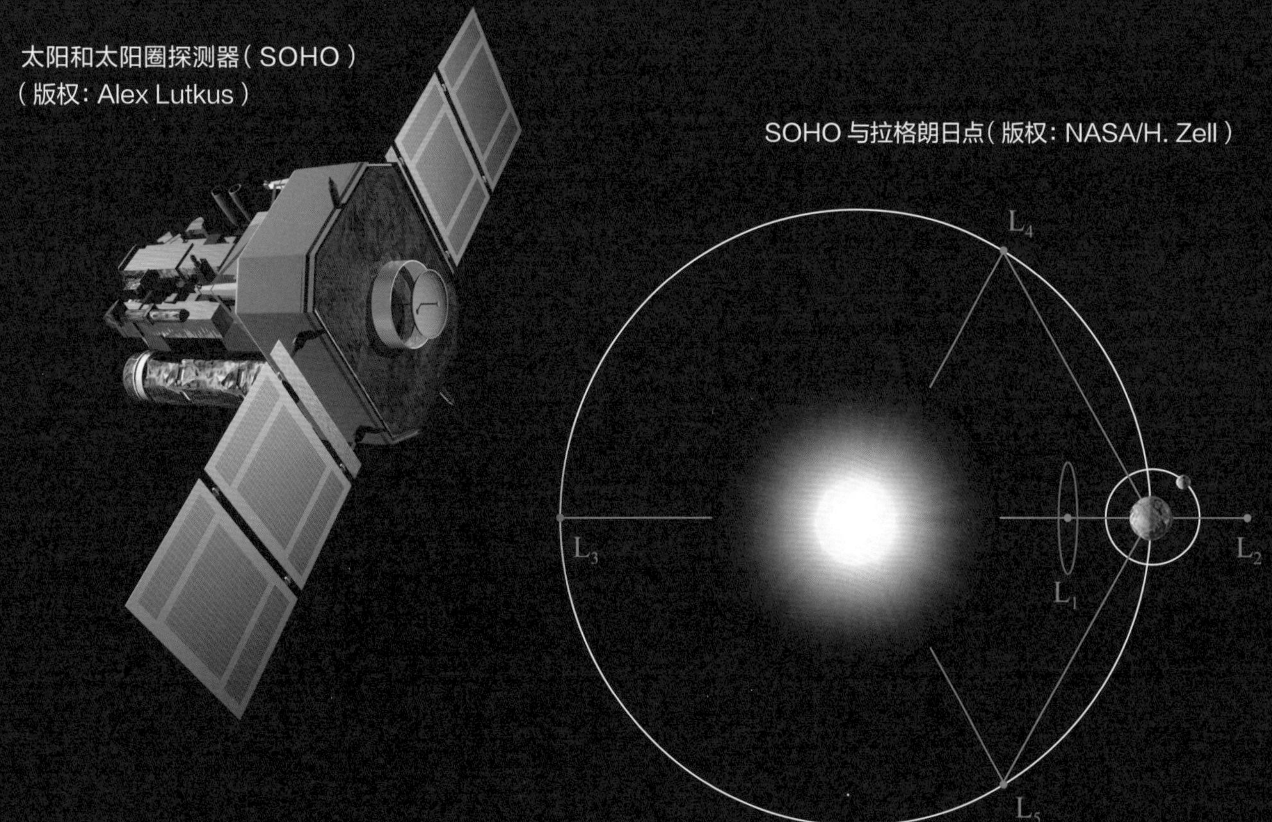

太阳和太阳圈探测器（SOHO）
（版权：Alex Lutkus）

SOHO 与拉格朗日点（版权：NASA/H. Zell）

坏，甚至有些仪器在骤冷后性能还比以前好了。SOHO 的预期寿命本来只有两年，但被数次延期，直到现在它依然活跃在太阳周围，像一个孤独的“哨兵”，持续诊断着太阳的脉搏。

可怕的“空气天气”异常

SOHO 最重要的探测方法是“日震学”，也就是检测声波在穿越太阳时发出的“嗡嗡”声。通过这种声学探测，科学家们可以比较深入地了解太阳的内部结构、能量产生机制，也可以对其表面的扰动现象做出预测。SOHO 的科学仪器每天都能传回相当于两张 CD 的数据。对这些数据的分析使我们得到了许多令人振奋的太阳新知。那么，SOHO 的科学成果到底有哪些呢？

根据 SOHO 传回的高质量数据，人们第一次推导出了太阳的三维图像。我们终于知道了太阳黑子究竟有多深，它们又为何能维持长达数周的时间。SOHO 发现：太阳黑子并不是仅发生在浅层的表观现象，实际上，它的整个结构深深地扎根在下方等离子汇聚且强力流动的地方，因此它的能量远比看上去要强。

而最重要的发现就是，SOHO 已经十分清楚地表明：太阳耀斑，也就是太阳物质、电磁辐射及高能粒子的突然爆发，可以带来难以想象的巨大灾难。这种“空间天气”的变化，会对地球产生巨大的影响。

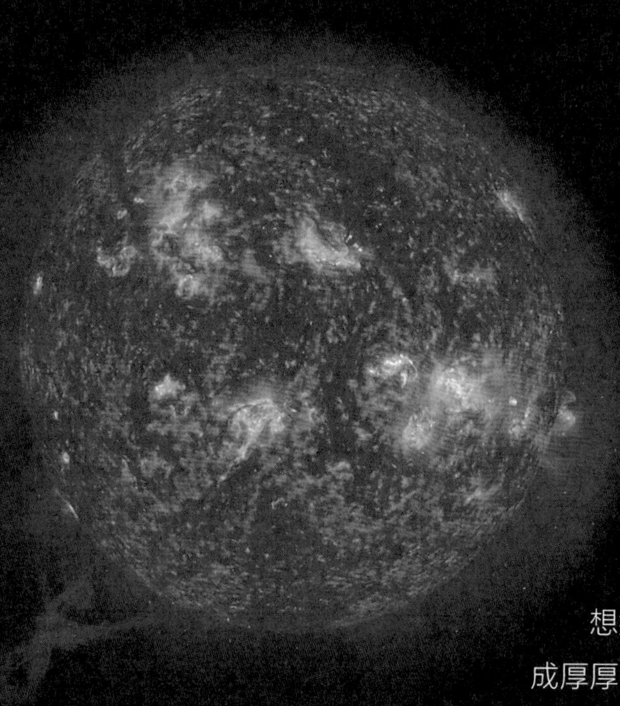

此图为 SOHO 于 2000 年 1 月获得的太阳影像，巨大的日珥正逃出太阳表面（版权：NASA）。如果日珥正好指向地球，通信和电网都将受到影响

想象一下这样的场景：夏天变成冬天，绿色的沃土变成厚厚的冰层！这样的巨变并不是科幻小说里才有的情节，而是曾经真实发生过的。公元 900 年至 1250 年，太阳活动性的增强导致地球出现了温暖期。那时候的北大西洋比现在温暖得多，北欧人在格陵兰岛建立了家园，并给它取了“格陵兰岛”这个美丽的名字，在英文里是“绿色土地”的意思。而现在，曾经充满生机的格陵兰岛覆盖着地球上最大的冰层。

你可能觉得，地球温暖期、冰冻期的变化周期很长，有生之年几乎碰不到这种极端的气候变化事件。那么，如果是断电、断网，是不是就离我们非常近了呢？

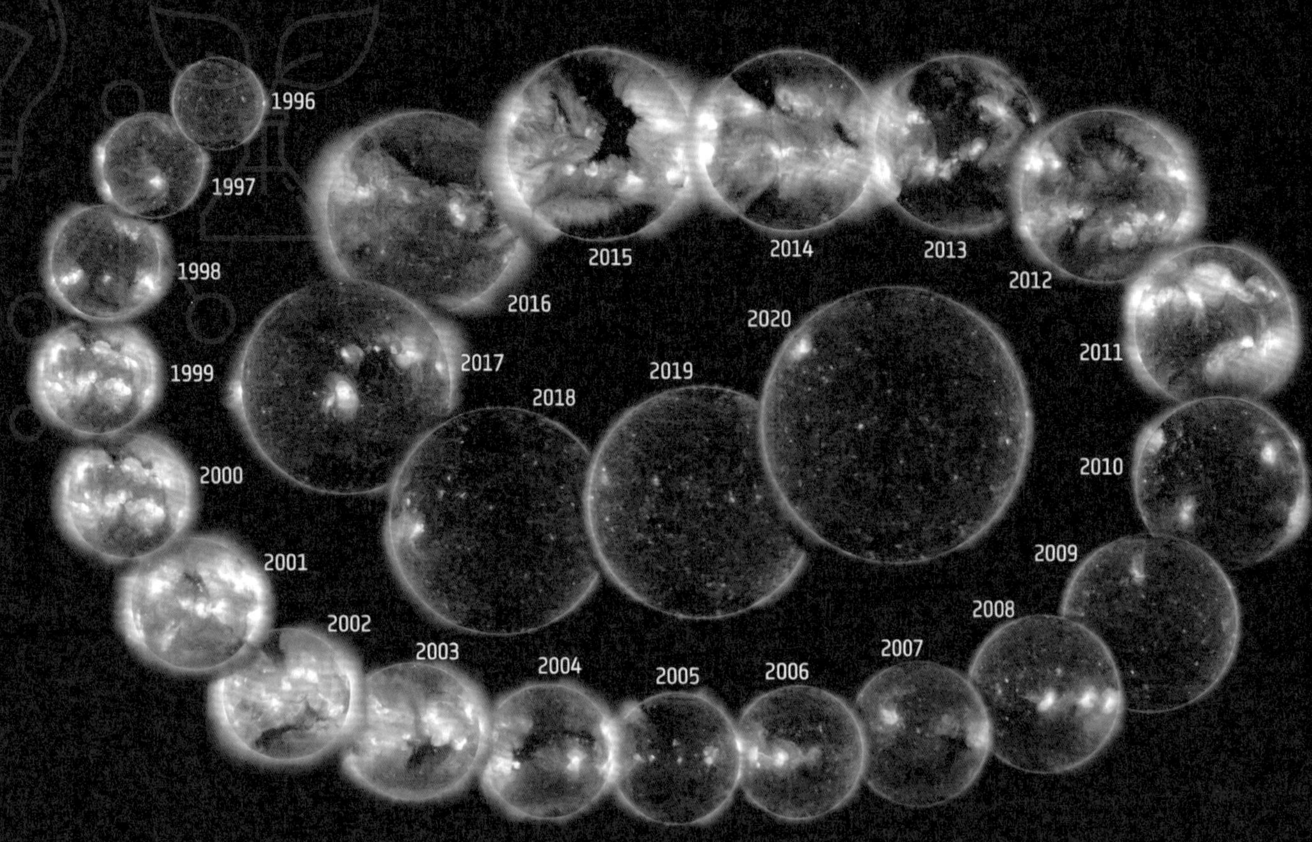

SOHO 从 1996—2020 年给太阳拍的图像[版权：SOHO（ESA & NASA）]

前线“气象员”

面对太阳风暴产生的电力过载，电网系统是十分脆弱的，很可能会破坏电力中继线，产生大范围断电。

1989 年，强烈的太阳风暴之后，电网的部分缺失导致了连锁反应，造成半个美国超过 1.3 亿人的用电中断。卫星的情况也很糟，斯滕·奥登瓦尔德（Sten Odenwald）报告说，“极地轨道上的卫星在颠簸中失控了好几个小时”，其他卫星也几乎“上下倒了个个儿”。到了 2001 年，地球轨道上的卫星总价值已经高达约 1 000 亿美元，一次太阳风暴就可能造成数十亿美元的在轨硬件遭受破坏。

现在，我们已经达成了一种共识：极端空间天气也是一种自然灾害，虽然罕见但影响深远，就像剧烈的地震和海啸一样，它会对国家电网、卫星造成破坏。

于是，空间天气预报应运而生，SOHO 就是前线“气象员”之一。SOHO 不能防止自然灾难，但是它可以提前两到三天对这种指向地球的扰动给出警告。当我们可以越来越精确地预测太阳风暴时，就有可能提前把卫星调到保护模式，切断或限制电力的使用，对海上航行的货运船只给出警示，这些措施不仅可以保护生命安全，也能让我们脆弱的电力系统和全球网络系统免受伤害。

空间天气预报

如果有一个空间天气预报节目，那么气象预报员可能会这样播报："亲爱的地球居民，你们好，今天是 2022 年 3 月 22 日，今天的太阳风风速为每小时 111 万千米，密度为每立方厘米 4 个质子，太阳黑子数为 30，24 小时内 X 射线太阳耀斑最大级别为 C1……"

别被超过 100 万千米时速的太阳风吓到，太阳风的密度是地球上空气的一百亿亿分之一。C1 级别的太阳耀斑也小到可以忽略，不用担心。M 级以上的耀斑，才会造成无线电通信中断。如果耀斑等级达到 X 级，那就要小心了，因为这可能造成整个地球的断电和持续一周的辐射暴。

虽然身边没有气象预报员告诉你这些，但这样的空间天气预报是真实存在的。如果你登录空间天气网站（spaceweather.com），在网站的首页上就能查看到这些信息。在美国国家海洋及大气管理局（NOAA）的网站上，这些数据甚至每 10 分钟就会刷新一次。

2021 年 10 月 14 日，我国成功发射首颗太阳探测科学技术试验卫星"羲和号"，实现了我国太阳探测零的突破，标志着我国太空探测正式步入"探日"时代。而且"羲和号"卫星一出手就不凡，在国际上首次实现太阳Hα 波段光谱成像的空间探测，填补了太阳爆发源区高质量观测数据的空白。

想一想

在正常操作中，SOHO 与地面连续以 245.76Kb/s 的速度通过 NASA 深空网络传送照片和其他测量资料。请问，如果 SOHO 想给地球传送一张它拍摄的 3MB 大小的照片，需要用多长时间？

通过 SOHO 和其他卫星的努力，我们已经认识到，在不可见波段，太阳的行为就像拜占庭帝国一样辉煌，科学家们还未能完全了解这颗看起来简单的中年恒星。但已经明确的是，太阳和由它产生的空间天气可能决定着我们这一物种，以及地球上所有生命的未来命运，甚至是地球自身的命运。数十亿年来，太阳就像我们的庇护神，它的光芒飞越一亿多千米滋养万物。现在，人类已经站到了认识太阳的新起点上，有关太阳更多更深的谜团正在等待未来的科学家去解答，你或许也会成为他们中的一员。

测绘银河系：依巴谷

你将了解：

伊巴谷卫星的任务

伊巴谷卫星的测量精度

伊巴谷卫星成果的广泛应用

第谷星表（版权：NASA/Goddard Space Flight Center Scientific Visualization Studio）

漆黑的背景中，银河划出一道优美的曲线，耀眼明亮的恒星点缀其间，像一颗颗璀璨的宝石。这是根据依巴谷卫星在 1989 年至 1993 年 4 年间传回的数据描绘出的星表，恒星数量多达 1 058 332 颗，达到了百万级别，被称为“第谷星表”。我们看到的这张图片，是第谷星表的低分辨率版本，阈值星等为 5.0，也就是说，亮度大于等于 5 等的天体都能被观测到，因此在这张图片里，银河系和恒星非常明亮。

那么，依巴谷卫星除了为我们勾画迷人的星表，还有哪些其他发现呢？

画星星的人

公元前 129 年，古希腊天文学家依巴谷看着刚刚完成的作品，双手颤抖，内心更是激动不已——多年苦心观测的成果，都汇聚在这张小小的图表上了。作为那个时代最精确的天文观测者，依巴谷对于星空的看法，与其他天文学家都不一样。当时，大多数天文学家都认为天上的星星的相对位置是固定不动的，然而依巴谷坚信：天上的星星都在做着相对运动。为了观测，他度过了无数个不眠之夜，现在终于完成了这幅“星空地图”——一份拥有 850 颗恒星的星表。这也是现存最古老的星表。

你可能觉得恒星位置星表没什么了不起的，不就是一张星星的地图吗？又有什么用呢？古人会用星星来预测天气、辨别方向，但对于现代人来说，星星位置的变化毫无用处，想预知天气，查天气预报就行了。如果你真这么想，那就大大小看了星空的力量。我们头顶星星数量的多少、距离的远近，其实是一组意味深长的密码。在这些复杂信息的背后潜藏着关于宇宙的奥秘，它能给我们的帮助远远超出你的想象……

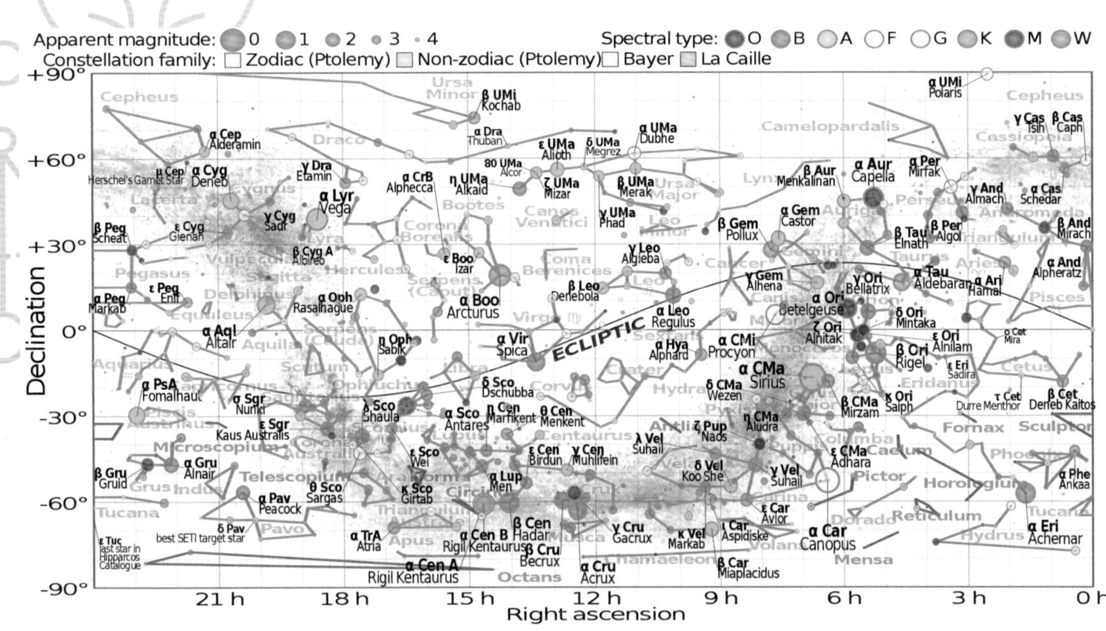

依巴谷星表等矩形图（版权：NASA）

启示

千百年来，人类对星空的观测从未停止。公元前 3 世纪，亚历山大城的提莫恰里斯和阿里斯蒂勒斯编制了西方世界的第一份星表。大约一个世纪之后，天文学家依巴谷不仅改良了星表，还把恒星根据亮度分了类。天文学家们至今仍在使用的星等系统，就是以此为基础建立起来的。

到了 20 世纪，照相底片的发明让人类终于摆脱了肉眼的限制，天文学家们雄心勃勃地准备开展描绘银河系的计划。不过，很快计划就遇到了一个几乎无法克服的困难——地球的大气层太厚了。在厚实的大气下观测恒星，就像隔着滤镜观察，所有的星星都变得模糊而且闪烁。天文学家们一直想要克服讨厌的大气扰动的影响，而现代航天业的发展给他们提供了一个完美的解决方案——直接用火箭把望远镜架到太空中去。这告诉我们：科学的发展离不开工具与技术的进步。

想一想

在天文学中，通常用“等级”来表示天体的亮度大小，星等越小，代表天体越亮。举个例子，北极星的视星等是 2.0，织女星的视星等是 0.03，织女星就更亮。“阈值星等 3.0”则意味着，星等超过 3.0 的天体都能被观测到。第谷星表有阈值星等为 3.0、4.0、5.0 的三个版本。请思考：哪个版本看上去最亮、恒星数量最多？你分别会在什么时候，选择用哪个版本的星表？

大难不死的依巴谷

我们今天的主角就是“巡天神器”，高精度视差测量卫星——依巴谷。依巴谷的任务说起来很简单，就是以极高的精度测量恒星的位置和距离，充当人类在宇宙的“眼睛”和“尺子”。

相较于去遥远的其他行星巡航、着陆，发射一颗绕地飞行卫星的难度并不大，但小小的依巴谷也经历了一个惊险时刻，差点折戟沉沙。

1989 年 8 月 8 日，依巴谷卫星在法国由阿丽亚娜 4 型火箭发射升空，但很快就遭遇了灾难性的事故。当卫星被送到同步转移轨道后，负责把卫星推上同步轨道的最后一个引擎没能点火成功。在三次尝试启动引擎都失败后，负责本项目的欧洲空间局终于接受了现实。当务之急是在现有条件下让依巴谷卫星运行起来，否则 2 000 名技术人员和 200 名科学家 9 年的努力将会付诸东流。

于是，依巴谷卫星放弃了原计划的轨道，开始在一个形状接近椭圆的轨道上工作。它的远地点距离地球有 36 000 千米，但近地点只有 200 千米。欧洲空间局的地面站只有 40% 的时间能联系上卫星。不过幸运的是，依巴谷卫星上所有的仪器都能正常工作，算是“大难不死”。最终，依巴谷顽强地在太空中工作了三年半，一直持续到 1993 年 3 月。

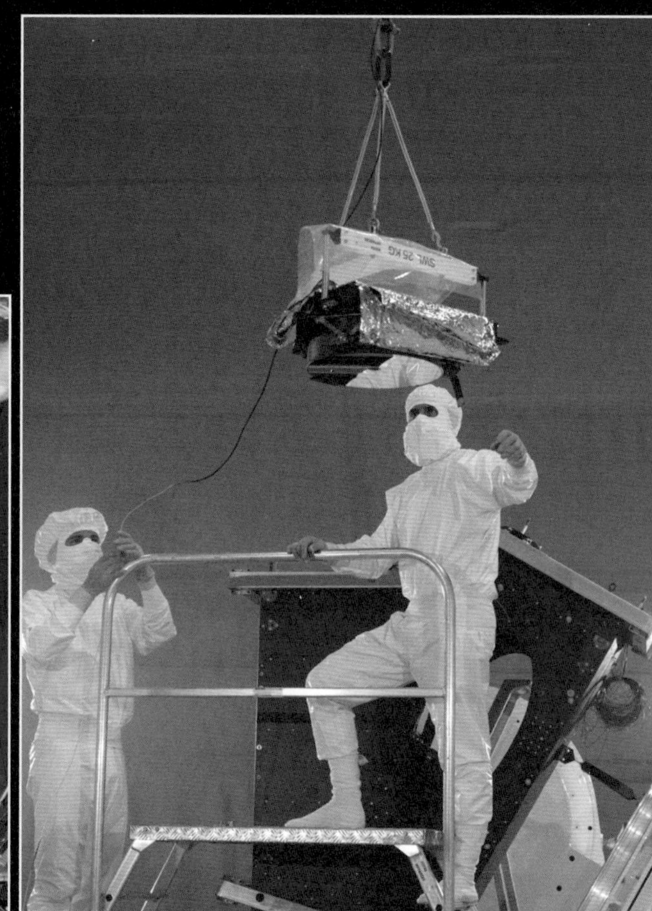
工作人员在安装依巴谷卫星的主镜（版权：ESA）。依巴谷卫星主望远镜的个头儿不大，口径仅有 29 厘米，焦距是 1.4 米，很多天文爱好者的望远镜都比它大多了

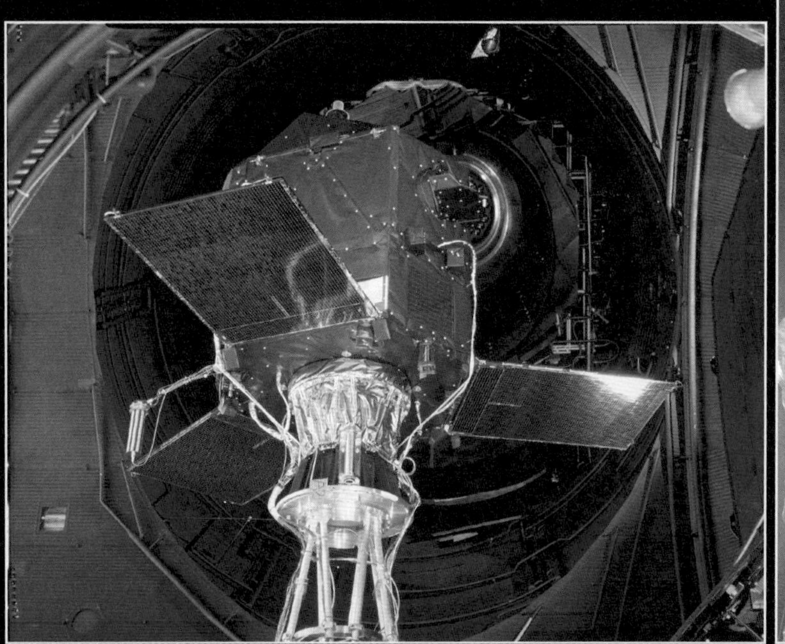
测试中的依巴谷卫星
（版权：ESA / Science & Exploration / Space Science）

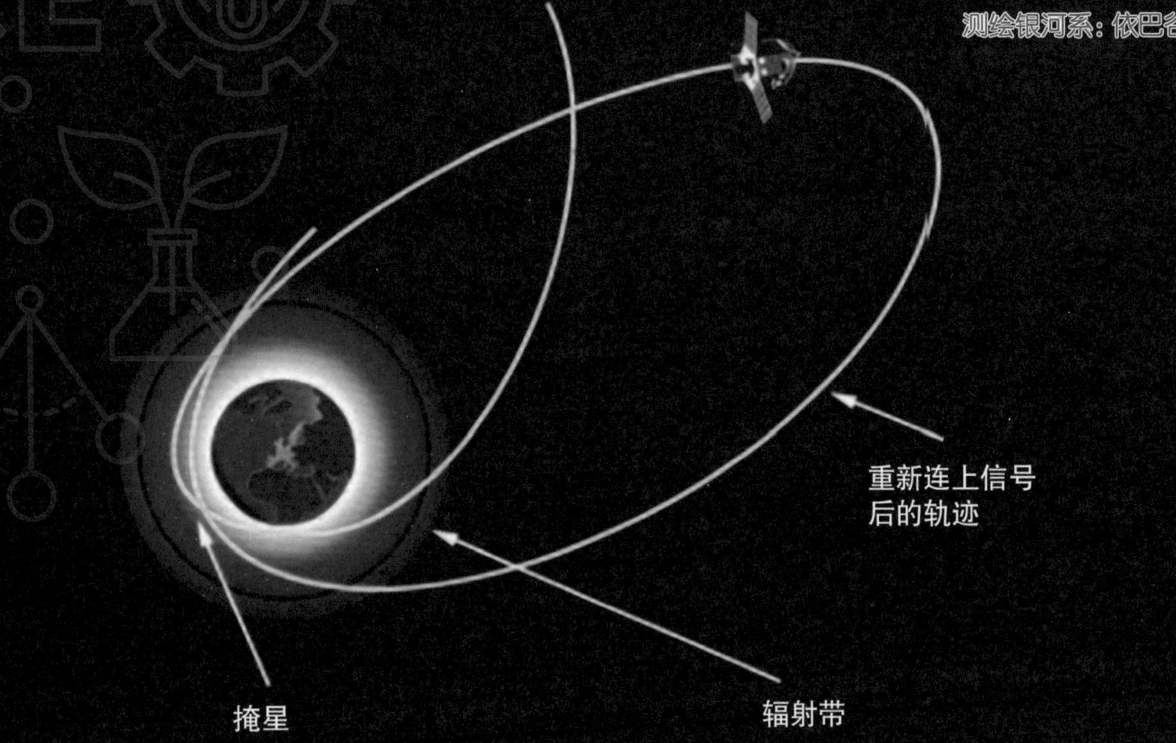

依巴谷卫星的轨迹（版权：ESA）

恒星距离怎样测

那么，依巴谷是怎么测量恒星距离的呢？它采用的是一种非常基本的测量方法——测量恒星视差。在大约 6 个月的时间里，地球会从绕日轨道的一边运动到另一边。因此，在这 6 个月间，我们从地球上观察天体，会发现恒星出现一个微小的位移，这个位移的夹角，就是恒星视差。你可以在脑海里想象一下，有了这个角度之后，就可以在太空中画一个极窄的三角形。这个极窄的三角形，其中一条边是地球公转轨道的直径，像一个尖锐的锥子一样长长地延伸出去，角度越小，三角形就越窄，长边的长度甚至能达到短边长度的数十万倍。然后我们就可以利用三角函数来计算长边的长度，这就相当于恒星到地球的距离。

现在你应该明白了：依巴谷工作的关键，就是测量出一个个的恒星视差。角度越精准，得出的距离也就越准确。依巴谷卫星主望远镜的观测精度是 0.002 角秒，这是一个相当厉害的精度，比我们从地球上透过大气看恒星的精度提高了整整 500 倍。依巴谷卫星用两个视场，或者说是“两只眼睛”，来扫描天空中的一个大圆，每次扫描两个小时，然后隔 20 分钟再扫描一次。最后综合对恒星 100 多次的观测，就可以得到非常小的角度误差。严谨、精确就是依巴谷的关键词。

角秒是一个角度测量单位，60 角秒等于 1 弧分，60 弧分等于 1 度。因此，1 度等于 3 600 角秒。角秒通常用在天文学和航海学中，用于测量天体和地球上的物体之间的角距离。

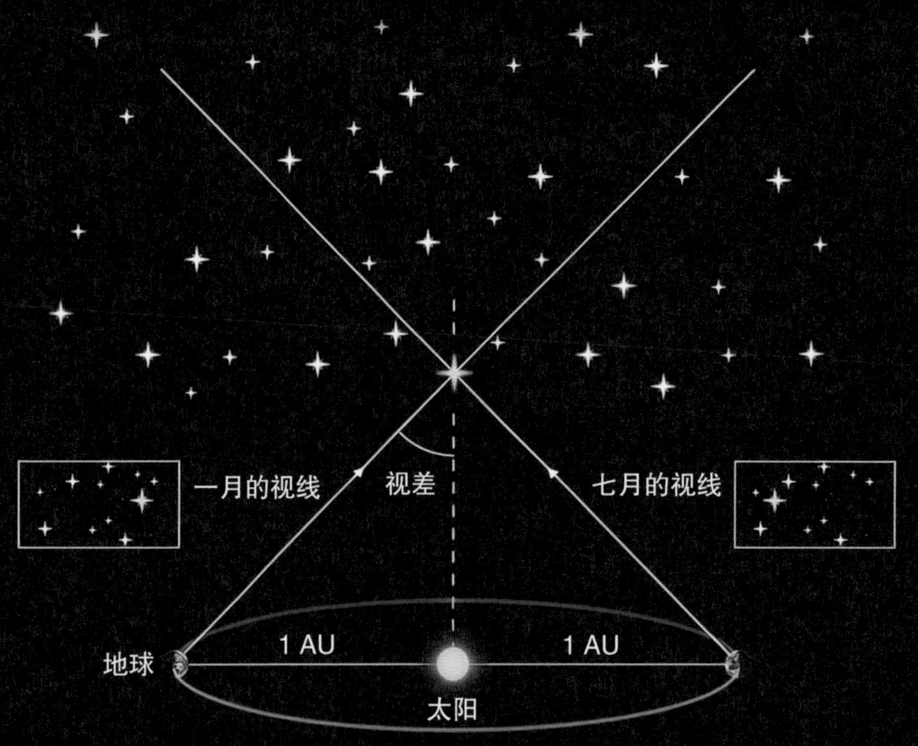

用视差测量恒星距离（版权：ESA/ATG medialab）

天空之“尺”

下面我们要讲依巴谷的科学贡献了。在 3 年的工作中，依巴谷收集了大量数据：

依巴谷的主望远镜以 0.002 角秒的精度扫描恒星的位置。科学家们根据这些数据，绘制了精度最高的依巴谷星表，共包括 118 218 颗恒星。

除了主望远镜之外，依巴谷还用一个光束分配器分出一束光，以 0.03 角秒的精度扫描天空，这个精度是主望远镜精度的十五分之一，但最终描绘的恒星数量更多，共有 1 058 332 颗，达到了百万级别，这个星表被称为“第谷星表”。而在 2000 年，也就是依巴谷停止工作 7 年后，科学家改良出了“第谷 2 星表”，把恒星数量提升了一倍，在这个星表上包含了惊人的 2 539 913 颗恒星，甚至包含天空中暗至 11 等的 99% 的恒星。

视星等 11 等的恒星，是夜空中天狼星亮度的十万分之一！

除了恒星数量，依巴谷卫星还将恒星距离的测量精度提升了一个量级。以前，人类能确定距离精度在 5% 范围内的恒星数量仅有一百多个，在依巴谷的帮助之下，扩展到了七千多个。而这个精度的测量范围，已经可以远到距离太阳500光年的地方。

除此之外，依巴谷还让我们知道了，银河系并不是一个完美的旋涡星系，而是一种棒旋星系。顾名思义，棒旋星系的核心常常是一个大质量的快速旋转体，像一根短棒的形状，在棒的两边有旋形的臂向外伸展。并且银河系并不是扁平的“一张饼”，它在边缘是有弯曲的——一端向上翘，另一端向下弯，是一个弧度很小很小的“S”形，离中心越远，弯曲的程度越明显。

此图为银河系（版权：NASA/JPL）。星系主要分为三类：椭圆星系、螺旋星系和不规则星系。螺旋星系又可以分为两类：旋涡星系、棒旋星系。宇宙中大约三分之二的螺旋星系是棒旋星系，银河系就是其中之一

现在，你对依巴谷建立起一个初步的印象了吗？依巴谷本质上就是一台小望远镜，靠着一些简单的观测程序，得到了关于恒星的基础数据。你可能会觉得依巴谷的工作不算太重要，与“旅行者号”“卡西尼号”这样的明星探测器差得远。如果这么想，你可就太低估依巴谷，也太低估天体测量这项工作的重要性了。

关键的第一块骨牌

事实上，恒星位置、距离的测量可以惠及从行星到宇宙学的各个天体物理学分支领域，它的重要性比你想象的大得多。原因在于，“位置”是测量天体的各种物理性质的关键要素。如果用多米诺骨牌来比喻，那这就是站在起点的第一块骨牌，它的应用范围之广，绝对超出你的想象。

比如，依巴谷可以帮助人类缩小搜寻系外类地行星的范围。到目前为止，已经有数百个相对较近的恒星确定拥有行星，而依巴谷卫星则为它们测定了最基本的距离数据。这些充满希望的可能宜居的世界，分布范围从几光年到几百光年。

再如，依巴谷的工作可以用于星系考古学。所谓“星系考古”，就是通过现在的数据，回溯很

久之前的历史。有学者从依巴谷的数据中发现，在过去的 5 亿年，太阳共有 4 次穿过了旋臂，而每一次穿过，几乎都对应着地球气候史上的一段极寒冷时期。这个发现就很有意思了。有科学家猜测，可能是因为旋臂中较高强度的宇宙射线，导致地球出现了较厚的云层和较长的冰期。

现在，测量恒星位置与距离的基础工作仍在继续。2013 年末，欧洲空间局发射了新一代天体测量太空任务——盖亚，大大扩展了依巴谷卫星的工作。而我国的科学家们也在积极利用这些数据，进行着关于宇宙更深层次的探索。这些精确的观测数据是全人类科学家们的财富。

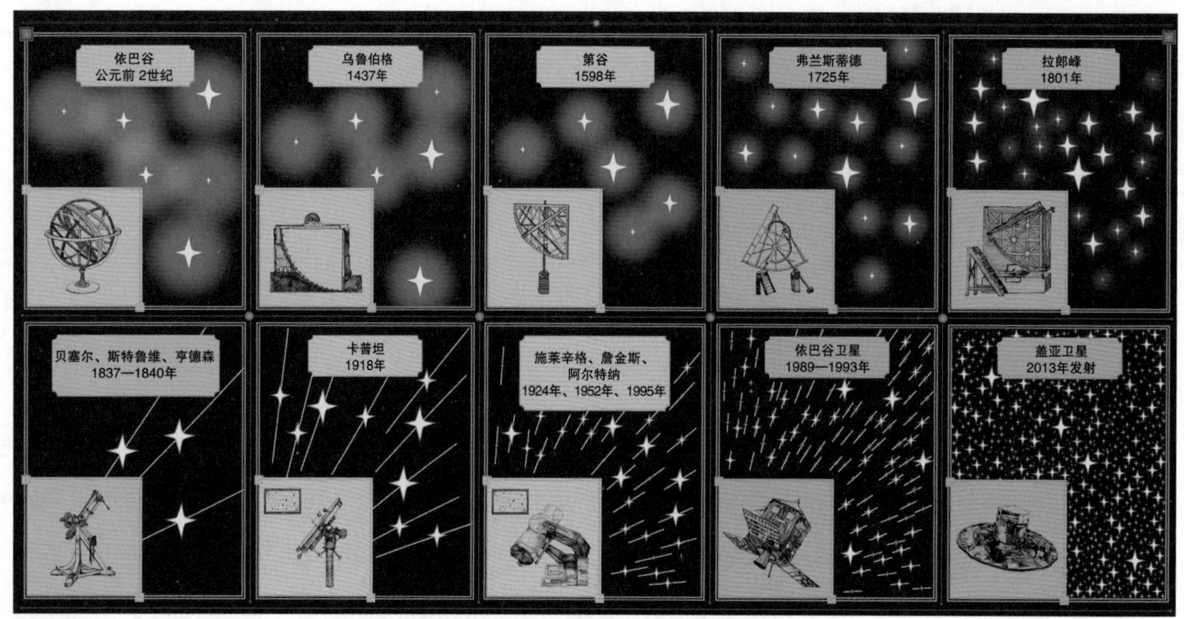

从依巴谷到“依巴谷”（版权：ESA）

想一想

读完了伊巴谷卫星的故事，现在请你思考一下：伊巴谷卫星的特色在哪里？为什么它是独一无二的，能制出如此精确的星表？如果让你设计一颗高精度视差测量卫星，你会如何设计？（提示：可以从卫星的位置、测量方法等方面考虑。）

我们这个世界上，大约有一半的人口居住在城市里。灯光污染的泛滥让超过一半的人失去了直接了解夜空的机会。然而，像依巴谷和盖亚这样的科学任务却可以帮助我们恢复与星星的联系，让它们成为我们的“双眼”，告诉我们银河系的过去和未来，向我们展示在浩瀚的银河系中，地球究竟处于什么位置。关于银河系的故事还在继续，我们依旧在孜孜不倦地探知它的解锁密码……

揭开冷宇宙的面纱：斯必泽

你将了解：

斯必泽空间望远镜的独特原理

斯必泽的工作成果

斯必泽的“温暖任务”

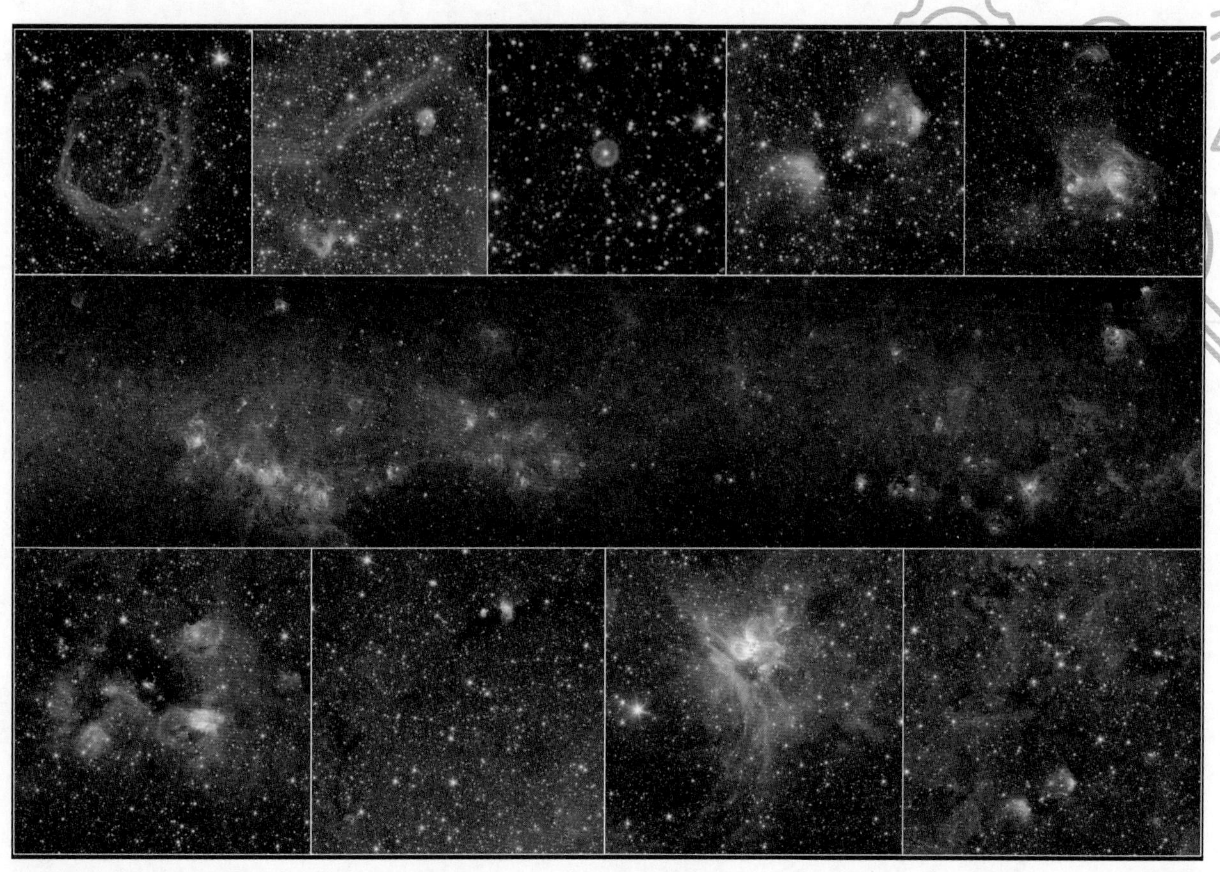

斯必泽 GLIMPSE 计划产生的银河系无缝拼图（中层）和细节图［版权：NASA/JPL-Caltech/E. Churchwell（University of Wisconsin-Madison）and the GLIMPSE Team］

在这张“拼图”中，蓝色来自古老恒星的辐射，红色来自尚处于寒冷的尘埃胎盘之中的年轻恒星，绿色来自恒星胚胎。带着这样一份“说明书”，你就能正确地观摩这幅拼图了。

观察这张复杂而绚丽的图片——它的中层是细长的一条，充满梦幻的红色，点缀着美丽的星星“宝石”。没错，这就是我们身处的银河系。你可能会问：银河系怎么变成红色了？原因在于——这是用红外线技术拍摄的。斯必泽空间望远镜开展了霸气十足的巡天计划——GLIMPSE（银河系遗珍红外银盘巡天），而这张银河系无缝拼图就是该计划的重要成果。

与以往其他设备的“巡天”相比，斯必泽的灵敏度高出了100 倍，分辨率高出了 10 倍。通过对 11 万个不同的指向定位和 84 万幅图像的耐心拼接，GLIMPSE 计划产出了一幅珍贵的无缝拼接的银河系图像，上面充满了蓝、红、绿等耀眼的颜色。当然，不要误会，这是斯必泽在不可见波段获取的数据，这几种颜色与可见波段的“蓝、红、绿”不是一回事儿。

红外世界大不同!

你知道吗？太空不是绝对的真空。20 世纪 30 年代，美国天文学家罗伯特·特朗普勒（Robert Trumpler，1886—1956）证明了太空中弥漫着极其稀薄的气体和尘埃——星际介质，它们广泛地弥漫在恒星和恒星之间。遥远的星光受到星际介质的吸收、散射而减弱。如何看穿星际尘埃、深入探究诞生恒星的巨大云团，就成了困扰人类多年的难题。

怎么破解这个难题呢？关键是电磁波。在我们生活的物质世界中充满了各式各样的电磁波，波长的变化范围可以相差万亿倍，按照波长可分为射电波、微波、红外线、可见光、紫外线、X 射线和 γ 射线等。可惜的是，人类的眼睛只能看见其中的一小部分，也就是可见光。如果把所有的电磁波比喻成共有 88 键的钢琴键盘，那么人类的眼睛相当于只能用可怜的两个琴键。

而解决观测恒星云团难题的，正是电磁波家族中的红外波段。可能你对红外线的印象停留在遥控器、红外线理疗仪等，其实它的作用远超你的想象。这是因为，任何能够发热的物体以及太空中任何寒冷的物体，比如行星、卫星、小行星，甚至是直径仅有 1/10 000 到 1/100 毫米的碳微粒，都会发出红外辐射。对天体进行红外观测，就能发现一个完全不同的世界。

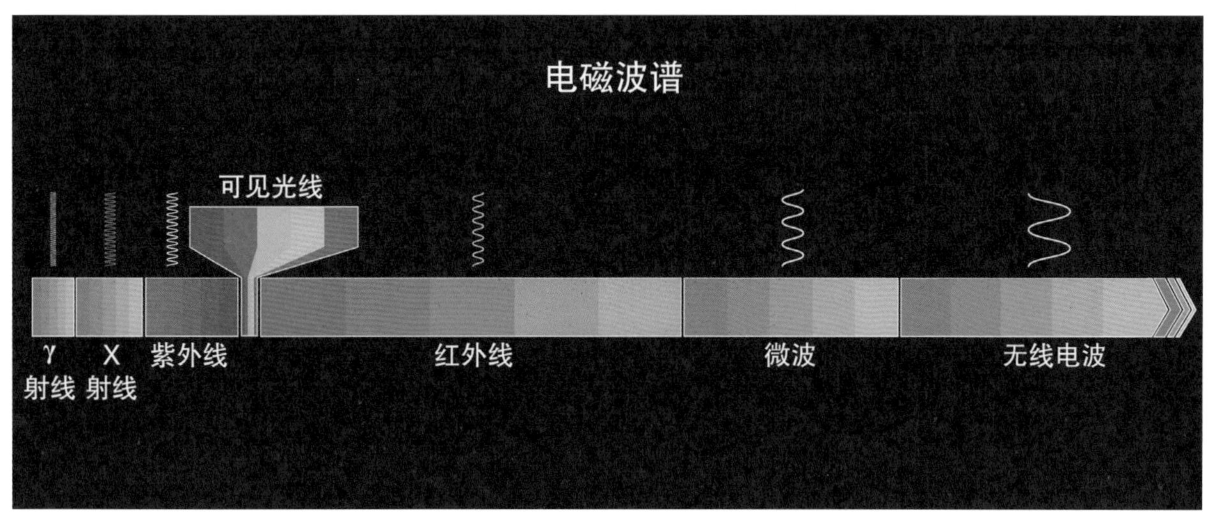

电磁波谱（版权：NASA and J. Olmsted）

想一想

下面哪项不属于电磁波在生活中的应用？

A. 上班路上，收听广播里的新闻

B. 用手机接打电话

C. 用烤箱烤制羊腿

D. 在医院拍摄 X 光片

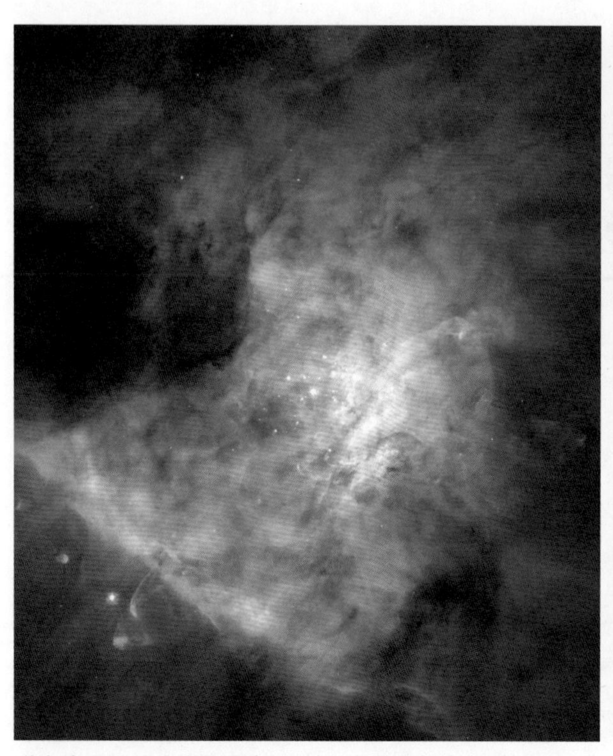

猎户座星云的光学图像（左图）和红外图像（右图）对比
左图版权：NASA，C.R. O'Dell and S.K. Wong（Rice University）
右图版权：NASA；K.L. Luhman（Harvard-Smithsonian Center for Astrophysics，Cambridge，Mass.）；and G. Schneider，E. Young，G. Rieke，A. Cotera，H. Chen，M. Rieke，R. Thompson（Steward Observatory，University of Arizona，Tucson，Ariz.）

做一做

对比一下猎户座星云的光学图像和红外图像，两张图有巨大的不同！

在光学图像明亮的星云中有一个黑暗的区域，看起来几乎没有任何恒星；但是在能够穿透尘埃的红外图像上，你能看到在这个黑暗区域中存在一个致密的星团，这即使用最强大的光学望远镜也是无法看见的。

启示

红外线能够穿透尘埃云，观测到更远的距离、更暗淡的天体，从而帮助天文学家们研究宇宙中隐藏的结构和过程，如行星形成、星系演化、黑洞活动等。这就像是一个有透视功能的特殊“眼镜”，只要戴上，宇宙就会呈现出与裸眼所见全然不同的面貌，原本遮在宇宙“容貌”前的神秘“面纱”终被摘下。

总的来说，红外观测为我们研究宇宙提供了全新的视角和工具，帮助我们更深入地了解宇宙的本质和演化，这提示我们：技术与方法的优化，会大大推动宇宙科学的进步。

“冷酷到底”

本故事的主角，就是在红外波段进行观测的斯必泽空间望远镜。它从“出生”开始，就被设计为专门用于红外天文学研究，它可以穿透大多数新生恒星所包裹的尘埃云层，灵敏地检测到数十亿光年之外恒星和星系的红外信号，像打开了一个新的感官调色板，用全新的视角揭示这个寒冷而不可见的宇宙。

事实上，斯必泽项目早在 1970 年就已经提出了，但一直进展得不顺利，遭遇了挑战者号航天飞机失事后的延期、差点被取消、预算缩减等一系列闹心事儿。直到 30 多年后，共耗费 8 亿美元的斯必泽项目才正式启动。

2003 年 8 月 25 日，斯必泽空间望远镜在美国佛罗里达州的卡纳维拉尔角由德尔塔 2 型火箭发射升空。斯必泽高 4.5 米，直径 2.1 米，质量和一辆小货车差不多。在望远镜的身后，有一个像披风一样的长遮罩，遮罩的一边面向太阳，用来收集太阳能以及保护望远镜避开辐射，而另一边则背向太阳，有一块黑色的防护板将热量散往太空。

2003 年 10 月 4 日，是斯必泽空间望远镜离开地球的第 40 天。在漆黑的宇宙中，斯必泽就像一个哑火的炮筒，孤独而冰冷地前行。它的“冰冷”是名副其实的——在这 40 天里，它严格地执行着降温任务，终于在当天降到了难以置信的零下 268 摄氏度。这么低的温度下，甚至原子和分子几乎都不再有什么运动，它将一直小心翼翼地保持这种变态的“冷酷”……

斯必泽空间望远镜（版权：NASA/JPL-Caltech），其命名是为了纪念轨道望远镜的早期倡议者莱曼·斯必泽（Lyman Spitzer，1914—1997）

对于普通的空间望远镜来说，这个温度太低了，完全没有必要，但对于斯必泽来说，低温是至关重要的。这是因为，作为一台红外线望远镜，斯必泽自身会释放红外线，这对于太空中其他星体的红外线来说，是一种致命的干扰和污染。只有温度降得足够低，才能排除掉这种污染。为了观测结果的准确，斯必泽也不得不“冷酷到底”了。

氦（He）在常温常压下是气态，液化后的氦可达到接近绝对零度的低温（约为 −273.15℃），这一特性使得液氦这种无色、无味、无臭的液体成为无可替代的超级冷却剂。

维持这种低温并不容易，斯必泽空间望远镜的秘密武器就是液氦。把液氦释放到太空真空中，就可以有效地降低温度，这个原理就像液体蒸发会让你的皮肤冷却一样。为此，斯必泽特意带了能保存 350 升液氦的恒温器，跟一辆大货车的汽油箱差不多大。斯必泽需要每天消耗 30 毫升的液氦来保持低温，差不多就是 3 个可乐瓶盖那么多的量。斯必泽必须在液氦被全部用完之前，争分夺秒地工作。

勾画银河系

相对于地球表面的红外线望远镜，斯必泽空间望远镜的背景辐射减小为一百万分之一。在这么好的工作环境下，斯必泽不辱使命，获得了许多令人惊叹的重大成果。

望远镜本身的热噪声、大气层的热辐射、电脑和手机等人造辐射源，都是地面望远镜面临的背景辐射，会大大影响观测结果。

从宇宙尺度上来说，斯必泽空间望远镜可以揭开宇宙中早期恒星形成的面纱。要知道，大爆炸之后的 30 亿年间是一个恒星大量形成、星系疯狂构建的火热阶段，而恒星形成时的星光被早期宇宙的尘埃所包裹和吸收，再辐射出来时，正好处于红外波段——同时也是斯必泽望远镜的工作波段。因此，有了红外线的“加持”，斯必泽拥有独特优势来还原这段激动人心的历史。

还有一项很让人兴奋的工作，那就是探究天体界“元老们”的初生故事——揭示在宇宙“黑暗时代”结束的时候，在引力作用下产生的第一代天体。科学家们仔细研究斯必泽发回的红外影像，去掉关于前景恒星和邻近星际的部分，只留下最古老的弥散辐射进行分析。天体物理学家亚历山大·卡什林斯基（Alexander Kashlinsky）把这个过程形容得非常生动：“想象一下，你尝试在晚上去观看一座人口密集城市上空的焰火，如果能熄灭城市灯光，你就能看到那个焰火。我们确实关闭了城市的灯光，从而看到了原初焰火的轮廓。”

从星系尺度上来说，斯必泽空间望远镜进行了一项听起来霸气十足的巡天计划——GLIMPSE。除了产出了一幅珍贵的银河系无缝拼图外，GLIMPSE 巡天还让我们对银河系的形态有了新的认识。GLIMPSE 成像团队将超过一亿颗的恒星列入表中，用它们勾画出了银河系的旋臂和中心棒，从而强烈地证实了以往关于银河系是棒旋星系的猜想。

要知道，在斯必泽和前面讲的依巴谷巡天之前，大家都认为银河系拥有 4 条旋臂：矩尺臂、英仙臂、人马臂和盾牌 - 半人马臂。而 GLIMPSE 的资料证实了银河系只有两条主要的旋臂，即盾牌 - 半人马臂和英仙臂，这两条旋臂像银河系的左右手一样，从银河系中心的棒尾端延伸出去。

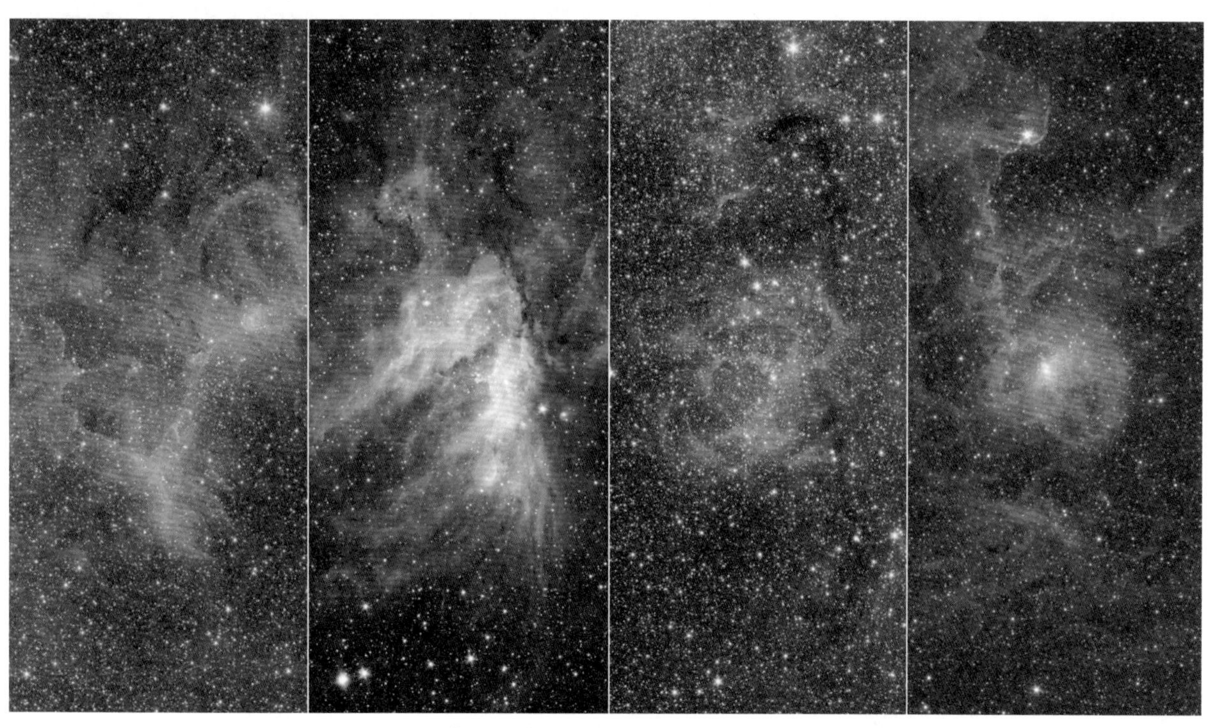

斯必泽空间望远镜拍摄的鹰状星云、欧米茄星云、三叶星云以及泻湖星云，它们都位于银河系的人马臂（版权：NASA/JPL-Caltech）

“温暖任务”

了解完斯必泽的“工作简历”，你是否忍不住关心它后来的命运呢？它不是仅有 350 升的液氦吗？如果这些液氦用完了，它是不是就要“下岗”休息了呢？没错，液氦总有蒸发殆尽的一天。在工作近 6 年后，2009 年 5 月 15 日，斯必泽用完了最后一滴液氦。没有了液氦的帮忙，这个望远镜的长波观测仪器就失去了所有的灵敏度。

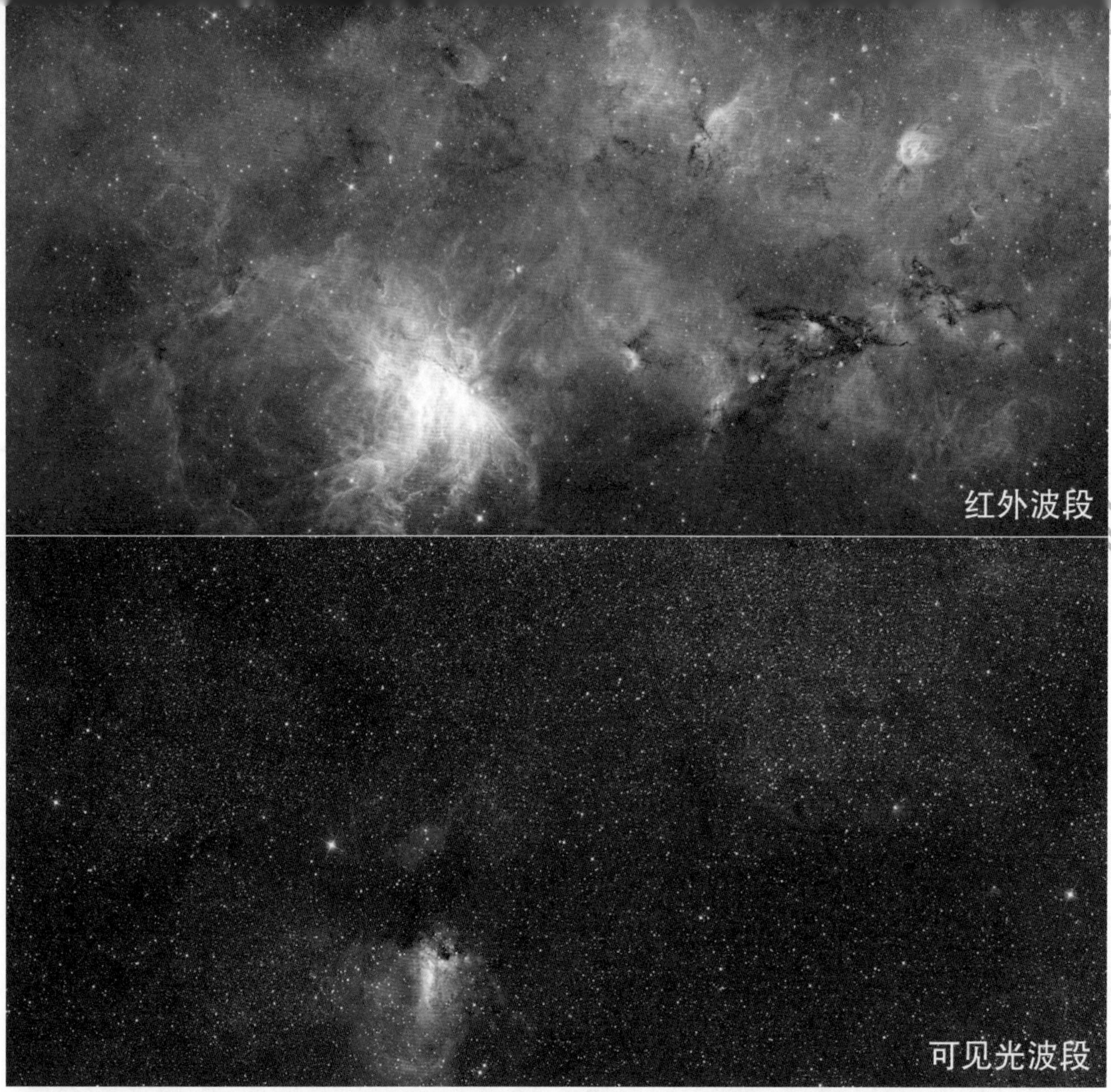

红外波段

可见光波段

斯必泽拍摄的图像显示了 ω 星云（M17）的恒星形成景象[版权：NASA/JPL-Caltech/M. Povich（Penn State Univ.）]

斯必泽拍摄的 12 幅宇宙图景（版权：NASA/JPL-Caltech）

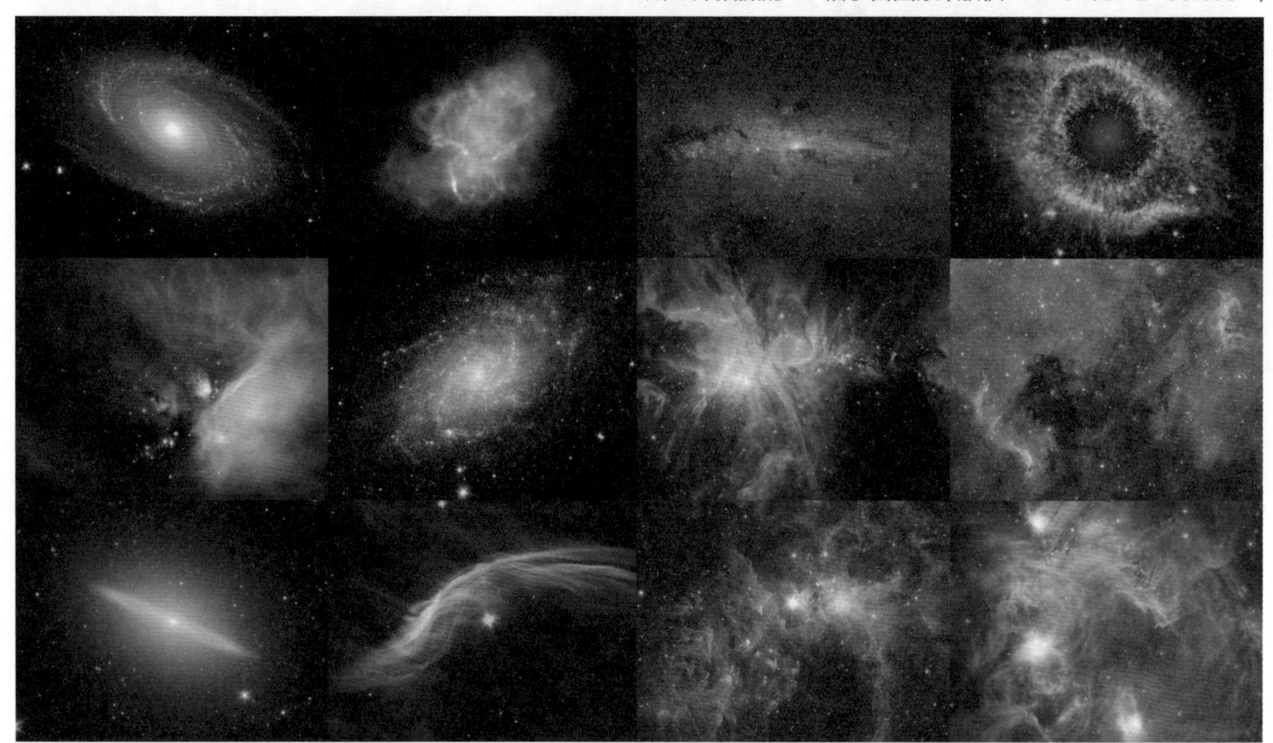

但是，斯必泽的工作并未就此停滞，它的科研生命也并没有结束。在斯必泽的"人生低谷处"，它反而迎来了一个意外的"高光时刻"。它在后一阶段的成果，远远超出了科学家原来的期待，可以说是惊喜连连。

此图为斯必泽拍摄的恒星形成区域 NGC2174 的红外图像，内含数十颗被尘埃笼罩的婴儿恒星（版权：NASA/JPL-Caltech）。由于在可见光图像中像猴子的脸，该星云绰号为"猴头"

事情是这样的：虽然斯必泽的长波观测仪不再灵敏，但它的两个最短波的观测通道仍然能够工作，只不过要转化为"温暖任务"阶段。"温暖任务"让斯必泽获得了第二次重生。但别误会，"温暖"只是一个相对的概念，它的绝对温度依然是极低的。

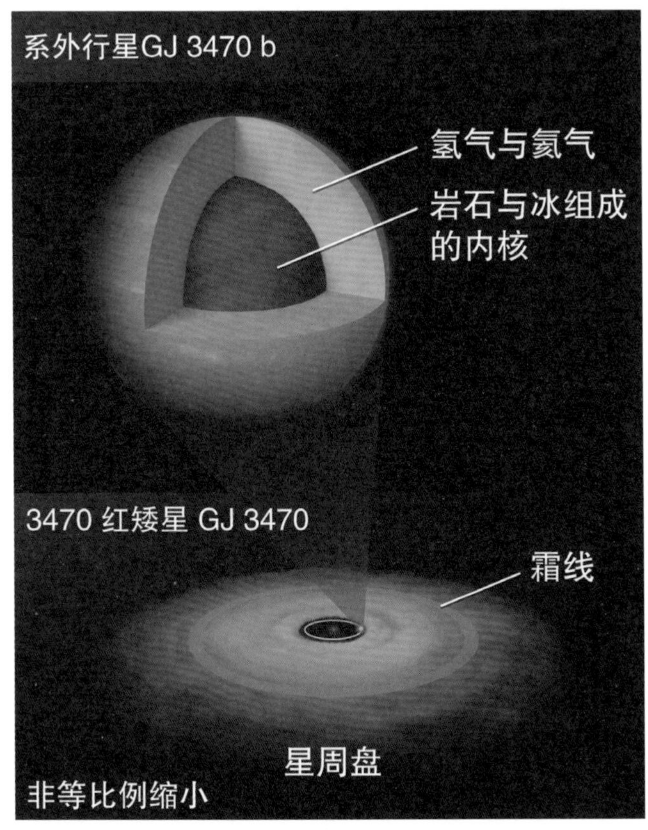

斯必泽联手哈勃探明了系外行星 GJ 3470 b 的结构
［版权：NASA，ESA，and L. Hustak（STScI）］

在"温暖任务"阶段，斯必泽工作的重点发生了转移，它把很多"目光"投给了那些轨道平面恰好与视线方向一致的系外行星，因为它们相对而言比较"热"嘛。让人惊喜的是，斯必泽还能够检测系外行星的大气组成，甚至是地质组成。斯必泽项目科学家迈克尔·维尔纳（Michael Werner）这样解释："因为大气中不同层次不同化学组成的区域所产生的波长是不同的，斯必泽的数据可以用于确定行星温度，并对大气结构、化学组成等给出限制条件。"斯必泽的主要任务是探测隐藏在星际尘埃背后的天体，但是对系外行星特征的研究也许会成为它最伟大的贡献。

终于，在执行"温暖任务"近 11 年后，2020 年 1 月 30 日，疲惫的斯必泽空间望远镜结束了任务，无牵无挂地飘荡在宇宙深处。

寻找“戴森球”

美国著名物理学家、数学家弗里曼·戴森（Freeman Dyson，1923—2020）在1959年提出了一种寻找外星人的理论，被称为“戴森球”。

他认为，随着人类文明的发展，对能源的需求会越来越大，地球上的化学能（石油、天然气等）很快就会消耗完毕，效率最高的方法，就是到太空中去，发射环绕太阳运行的“太阳能采集器”，再把能量传回地球。

你可以想象一下，在未来地球的能源逐渐耗尽的时候，人类开始不停地朝太空中发射这种太阳能采集器环日运行，文明发展程度越高，对能源的需求就越大，于是乎环日采集器就越发射越多，终有一天整个太阳都被这种采集器包裹起来了，远远地看去，太阳就好像被包裹在一个巨大的球壳中，这个巨大的“球壳”被称为“戴森球”。

戴森认为这是一个恒星系文明发展的必然结果，我们通过在银河系中搜索这种“戴森球”带来的效应就能找到发展到这类文明高度的外星文明。

而如何发现“戴森球”呢？最好的方法就是用红外线检测设备捕捉环日采集器被加热后放出大量的红外辐射。戴森的论文一经发表，立即引起了全世界同行的兴趣。这个想法初看起来，貌似带有很强的科幻色彩，但经过仔细分析和论证后，大家又认为这个想法在逻辑上非常严密。

斯必泽的任务之一，也包括寻找“戴森球”。但宇宙实在是太大了，即便在银河系中真有数百颗“戴森球”，也像大海捞针一样难寻，斯必泽也并没有什么发现。

与斯必泽的原理相似，我国也积极运用红外线技术进行太空探索。比如“玉兔二号”、硬X射线调制望远镜等，利用红外线研究宇宙的暗物质、黑洞、星际尘埃等现象。神舟系列飞船和天宫空间实验室均利用了红外线技术进行科学实验。这一技术在未来可能会给我们带来更多惊喜。

在我们这个宇宙中，必定充满了许多有生命希望的新生恒星与系外行星，也隐藏了许多尚不为人知的秘密，它们躲藏在我们头顶的繁密星辰之下，不会被轻易发现。我们不知疲倦地朝宇宙派送一只只“眼睛”，这些冷冰冰的仪器，带着我们炙热的希望。就像代表人类出征的英雄，只要让它们出发，就没有人知道它们会给我们带回什么样的惊喜……

探索狂暴的宇宙：钱德拉

你将了解：

钱德拉 X 射线天文台的任务目标

超大质量黑洞引发的“狂暴事件”

“钱德拉深空场”的巡天任务

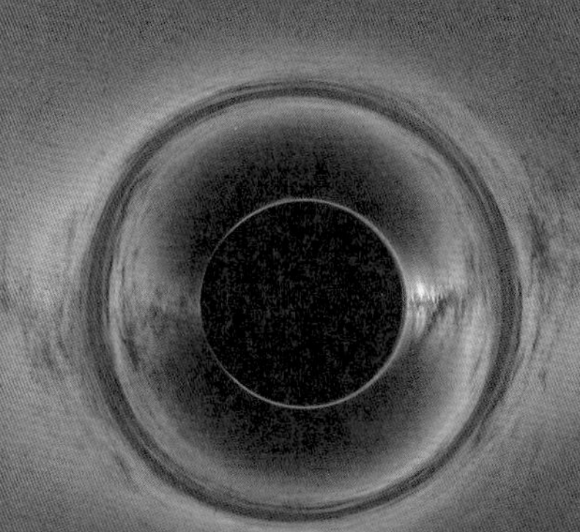

钱德拉 X 射线天文台对备受争议的天鹅座 X-1 拍摄的 X 射线图像（版权：NASA/CXC）

漆黑的背景中间，一处耀眼的白色“光源”正释放光亮。别误会，这不是黑夜中的一只手电筒，它来自宇宙深处……

1964 年，物理学家里卡尔多·贾科尼（Riccardo Giacconi，1931—2018）和他的团队通过地面上的 X 射线望远镜发现了一个很特别的 X 射线源，他们把它命名为天鹅座 X-1。后来，有科学家怀疑天鹅座 X-1 是一个黑洞，那些 X 射线是黑洞的吸积盘发出的。但问题是，地面上的 X 射线望远镜观测能力太弱，无法给出确凿的证据。讨论天鹅座 X-1 到底是什么，成了科学界的一个经久不衰的话题，也是钱德拉 X 射线天文台最为重要的观测目标之一。

在钱德拉工作期间，它拍摄到了天鹅座 X-1 的喷流冲入星际介质后激发出来的 X 射线图像，这被华莱士·塔克（Wallace Tucker）称为“提供了黑洞存在的实质性证据”。

那么，钱德拉 X 射线天文台到底是如何利用 X 射线探究黑洞的秘密？别急，我们慢慢说。

喜欢打赌的斯蒂芬·霍金（Stephen Hawking，1942—2018）给天鹅座 X-1 的热度添了一把火。他和基普·索恩（Kip Thorne）为天鹅座 X-1 是不是黑洞打赌，霍金赌它不是。于是，天鹅座 X-1 越来越红，它出现在美剧《星际迷航》，还有各种歌曲、文学作品中。1990 年，霍金公开承认自己输掉了赌局。

从草稿纸上“算出”的黑洞

1915 年底，第一次世界大战的硝烟正浓，在德国的某间战地医院，一位 40 来岁的炮兵中尉躺在病床上，他知道自己得的是绝症，时日无多。因此，他没日没夜地在草稿纸上计算着，整个医院中没有任何人能看懂他写的那些天书一般的数学符号。这位炮兵中尉叫史瓦西，凡是知道他背景的人都会张大了嘴。他参战前是波茨坦天体物理天文台台长，普鲁士科学院院士。在简陋的病床上，史瓦西用劣质草稿纸计算着爱因斯坦场方程的解，他并没有意识到自己的计算结果有多重要，第二年就病逝了。然而，他的研究成果在日后成了天文学一个重要分支的开端，他在草稿纸上计算出的那个解在几十年后称为“史瓦西黑洞”，这是一个影响至今的重要科学名词。

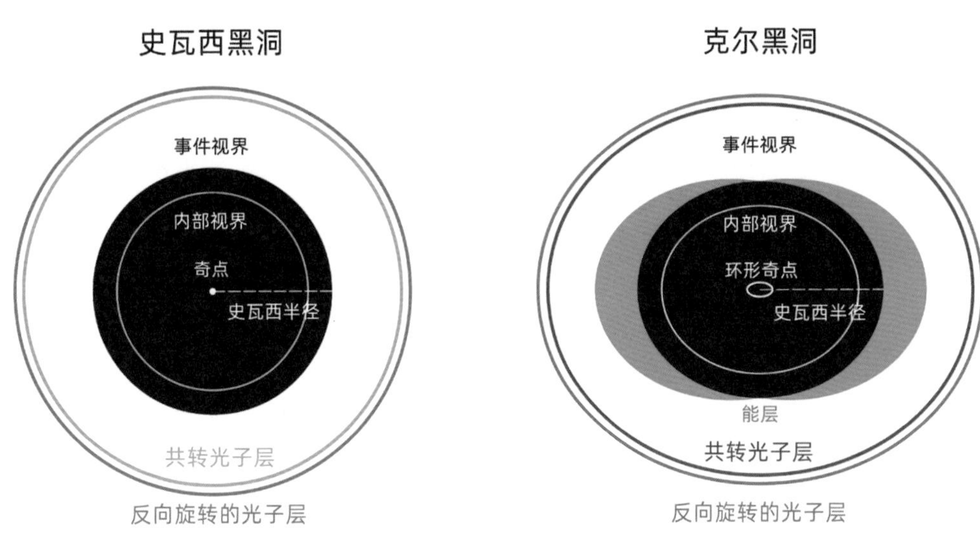

史瓦西黑洞与克尔黑洞示意图（版权：科学声音）

讲到黑洞，相信大家都不陌生。这个词是著名的物理学家约翰·惠勒（John Wheeler，1911—2008）在 1967 年发明的，它是我们这个宇宙中最怪异的一种天体。黑洞的概念虽然很出名，但是长期以来，它一直仅存在于科学家们的理论计算中，谁也不知道在真实的宇宙中，是否会真的存在这样一种怪异到极致的天体。甚至有人认为，黑洞可能永远只能存在于理论计算中，无法得到观测证实。原因就是，既然连光都无法逃脱黑洞的引力范围，那么它就是一个完全黑的天体，我们怎么可能观测得到呢？

“在所有的人类概念之中，从各种怪兽到氢弹原子弹，最为疯狂的可能要算黑洞了……它是这样一种洞，引力强到连光都无法逃离它的控制，空间和时间在里面打结。”

——诺贝尔物理学奖得主、物理学家　基普·索恩

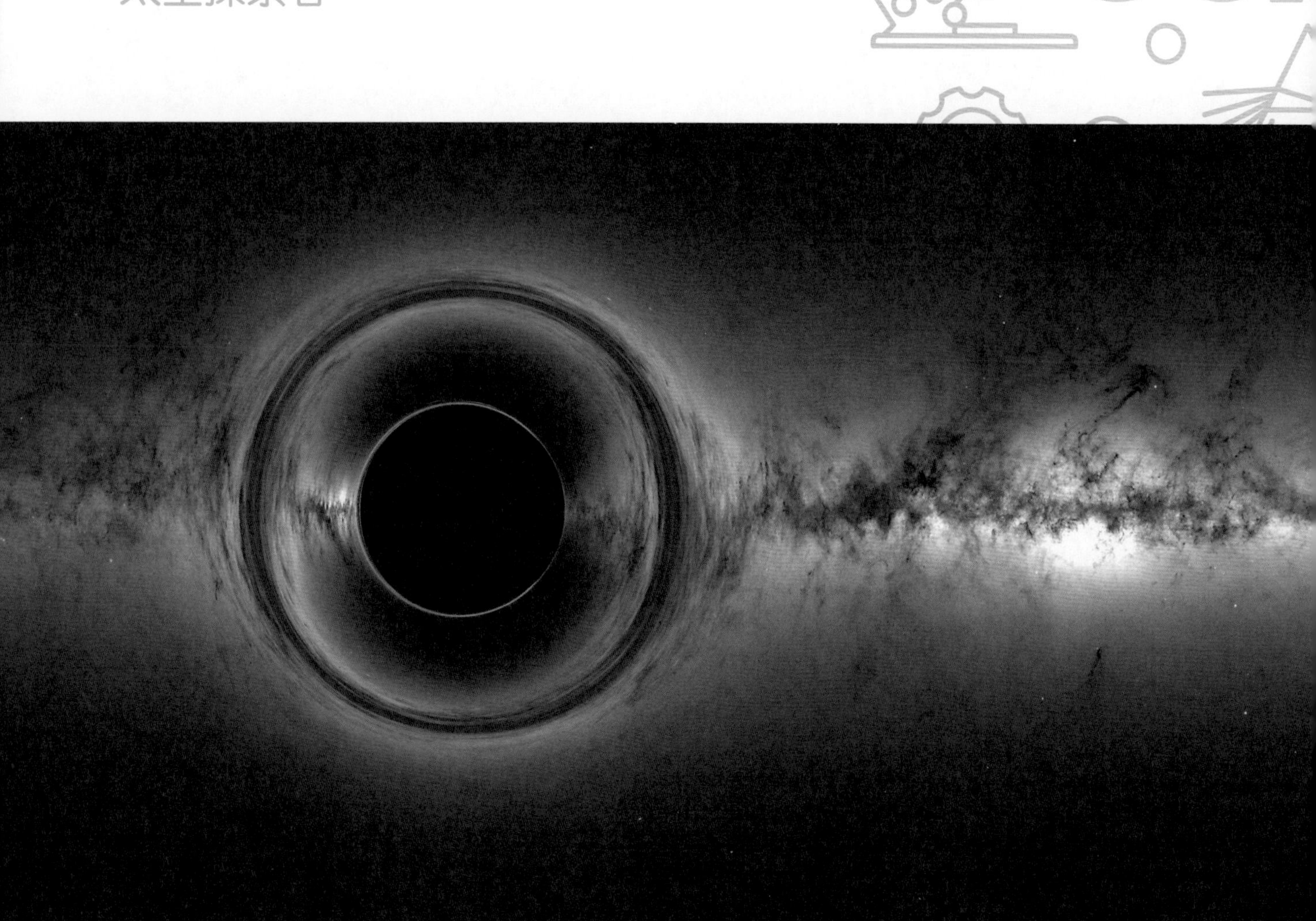

黑洞的艺术图（版权：NASA's Goddard Space Flight Center；背景：ESA/Gaia/DPAC）

启示

20 世纪 60 年代开始出现了一种新技术：X 射线观测技术。当这种技术被用于天文观测时，就使得观测黑洞在理论上成为可能。天文学家们可以利用天体发出的 X 射线来观测宇宙，这就是 X 射线天文学。为什么 X 射线波段是探索宇宙的极好途径呢？这是因为，像太阳这样的正常恒星发出的 X 射线非常弱，它们主要发出可见光。而想要发出可被探测的 X 射线，则需要达到数十万甚至百万摄氏度的高温，或者是粒子被加速到极高的能量，也就是说，X 射线只有在极端的物理过程中才能产生。因此，大家可以想象得到，一旦探测到了宇宙中的 X 射线，就代表极有可能是探索到了某个极端的“暴力”事件——包括黑洞。这启示我们：技术的进步可以推动天文探究的发展，另一方面，我们应该根据所观测目标特征的不同，来选择适当的观测工具与技术。

想一想

X射线波段是指电磁波谱中的一段波长范围（0.01到10纳米）。X射线因其波长短，能量大，照在物质上时表现出很强的穿透能力，在医疗、安检等领域广泛应用。你认为未来X射线技术会有哪些发展和创新？它们可能对我们的生活和科学研究带来什么样的影响？

珍贵的X射线光子

本故事的主角是X射线天文望远镜的王者——钱德拉X射线天文台。正是它，让人类首次看到了深邃、静谧的宇宙的另一面——一个狂暴的宇宙，一个无时无刻不在上演着令人难以置信的大碰撞、大爆发和大辐射的宇宙。

1999年7月23日，在美国的肯尼迪航天中心，哥伦比亚号航天飞机搭载着钱德拉X射线天文台直冲蓝天。这是在X射线天文学史上具有里程碑意义的空间望远镜，标志着X射线天文学从测光时代进入了光谱时代。

在钱德拉X射线天文台发射之前，最好的X射线望远镜只与伽利略时代最好的光学望远镜能力相当，所能采集数据的区域非常有限，角分辨率也很差。而钱德拉拥有10台电荷耦合器件（CCD），它的成像能力达以往各种X射线仪器的百倍以上。有了钱德拉，用X射线进行研究的天文学家们马上就获得了高出好几个量级的灵敏度。

钱德拉拥有两个不同的成像仪，任何时候都至少有一个能接收X射线入射。高分辨率相机使用真空和强磁场把每一个X射线光子转变成电子，并将它们放大成一团电子。

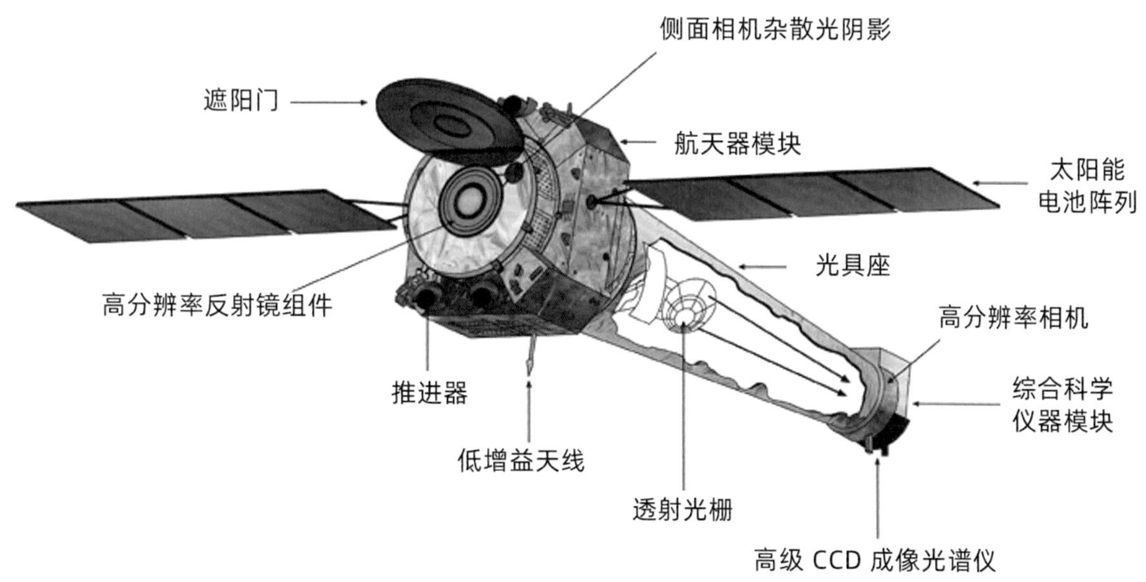

钱德拉X射线天文台部件图（版权：NASA/CXC Program）

别以为宇宙中 X 射线的光子到处都是，事实上，一次天文爆发事件射出的 X 射线光子比可见光要少得多，每一个 X 射线光子都十分珍贵。X 射线天文学的目标就是要收集一个一个的这种光子。有时候，钱德拉用两周的时间才收集到两三个光子，但这仅仅两三个的可怜的数量，就足以确认发现一个信号源了。

钱德拉 X 射线天文台没有辜负所有人的期待。随着数据的不断积累，人类得以第一次看到一个狂暴的高能宇宙，黑洞也逐渐褪去它神秘的面纱。

差点自暴自弃的钱德拉

苏布拉马尼扬·钱德拉塞卡
（版权：公共领域）

美国宇航局用科学家的名字来命名望远镜或探测器是一项传统，往往这位科学家的成就与该科学设备的用途相关。美国四大空间天文台计划的四台望远镜都是用科学家的名字来命名的——1990 年发射的哈勃空间望远镜、1991 年发射的康普顿 γ 射线天文台、1999 年发射的钱德拉 X 射线天文台和 2003 年发射的斯必泽红外线空间望远镜。

钱德拉也经常被译作钱德拉塞卡，他是著名的印度裔美国籍物理学家，1983 年获得诺贝尔物理学奖。他最被人们津津乐道的成就是“钱德拉塞卡极限”，这是理论上给出的白矮星质量上限，约为太阳质量的 1.4 倍。质量一旦超过了这个极限，恒星残骸将坍缩成一种极端的暗天体，或是变成中子星，或是在质量更大的情况下变成黑洞。

他很年轻时就提出了这个理论，但不幸的是，该理论受到英国著名科学家亚瑟·爱丁顿（Arthur Eddington，1882—1944）的强烈批评，弄得钱德拉差点自暴自弃。由于爱丁顿的权威和偏执，愿意为年轻的钱德拉声辩的天文学家很少。虽然有几个知名物理学家私底下认可他，但在天文学家们的圈子里他还是难以翻身。这个理论后来被证明是逻辑正确的，并成为他半个世纪后获得诺贝尔奖的主要原因。40 年后，他回忆说：“我感到天文学家无一例外地都认为我错了……你可以想象，当我发现自己在同天文学的巨人争论，而且我的工作完全不被天文学界相信——那对我来说是多么沮丧的经历啊。我应该在我的余生继续奋斗吗？毕竟那时我才二十四五岁，我想自己还可以做 30 到 40 年的科学工作……”好在科学结论的正确与否迟早会有公论，这也是很多科学史书上都会记载的一段科学史话。

黑洞“暴力”事件

2007 年，一个研究小组用钱德拉的观测发现了近距旋涡星系 M33 中的一个黑洞。让人吃惊的是，这个黑洞的质量竟然有太阳的 16 倍之多，是迄今所知最重的恒星级黑洞。更有意思的是，这个黑洞边上还有一颗伴星，有一颗 70 倍太阳质量的巨星与这个黑洞形成了一个双星轨道。而这种神奇现象的形成机制至今还是未知的。这也是人类第一次观测到可以显示掩食现象的带黑洞的双星系统，因此天文学家可以用极高的精度测量它们的质量和其他性质。

一个天体或卫星会在其轨道上从另一个天体或卫星的前方经过，从而在地球上观测到的时候看起来似乎被另一个天体或卫星遮挡住了一部分或全部。这种遮挡现象称为掩食。

此外，钱德拉还在并合的星系之中看到了双黑洞，这两个巨大的黑洞之间的距离只剩 3 000 光年，很可能在未来的一亿年里合并为一个整体，“强强联合”，产生一个可以称得上灾难级别的引力波事件，两个星系最终将形成一个具有更大黑洞的“巨无霸”

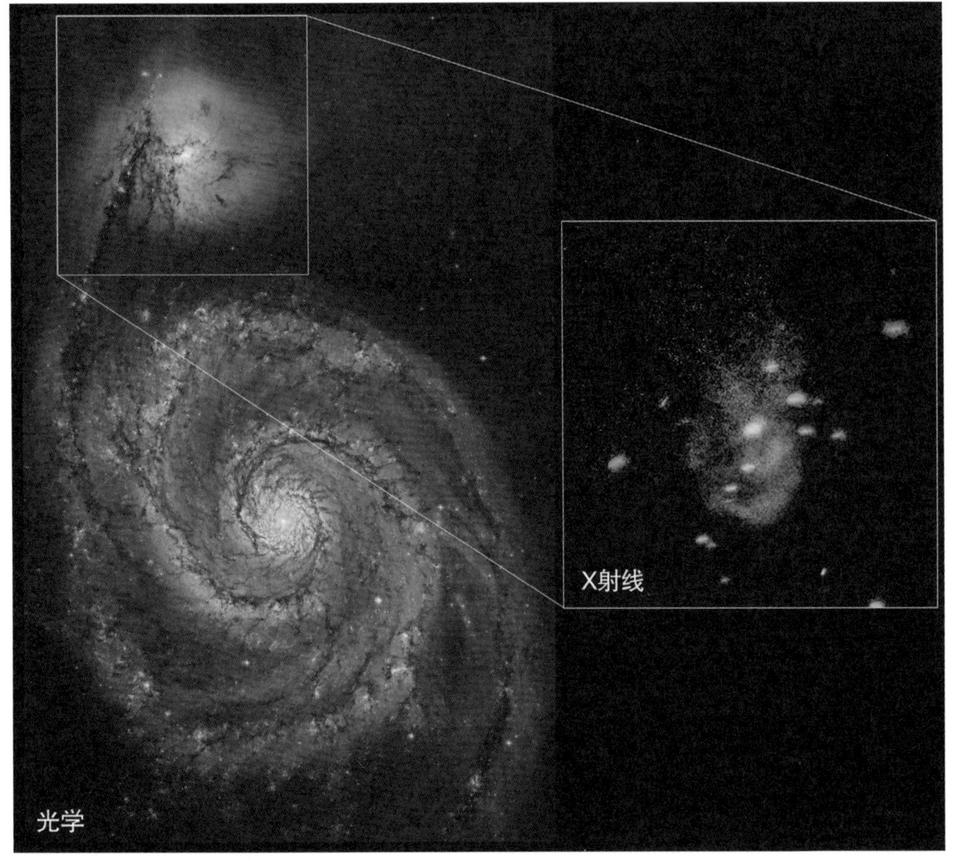

旋涡星系 M51 正在与其较小的邻居并合（版权：NASA/CXC/M.Weiss；X 射线：NASA/CXC/CfA/P.Plucinsky et al.；光学：NASA/STScI/SDSU/J.Orosz et al.）

单一星系。一旦发生，那可真是震撼人心的宇宙大事件。同时，这是第一次有证据表明星系和它中心的超大质量黑洞，可以通过并合和吸附作用，在数亿年的时间里成长壮大，开疆扩土。

根据这些现象，天文学家们预言：未来有可能观测到宇宙中一种难以想象的狂暴事件：两个黑洞会在“死亡螺旋舞”中最终并合成一个单一的“怪兽”，在一瞬间释放出数个太阳质量的能量。而到 2016 年，这个预言成真了。两个黑洞并合发出的引力波被美国的 LIGO 引力波天文台观测到，成为轰动一时的科学界大新闻。

在我们的宇宙中，无时无刻不在上演着这些天文大事件。可惜的是，当这些事件的信号传到地球时，已经变得极其微弱。所以，只有当这样的事件发生在我们的银河系中，你对它们的认识才会像第一次看到核弹爆炸那样直观。这种宇宙级别的“暴力”事件超出我们任何一个人有限的想象能力。

银河系里有没有超大质量黑洞呢？答案是——有！还不小！在我们银河系的中心，有一颗 400 多万倍太阳质量的超大质量黑洞。在它的周围有许多星团，它们的密度比身处“城乡接合部”的太阳系附近的恒星密度高了数千倍。奇怪的是，面对如此多的“猎物”，银心超大质量黑洞没有吞食它们，反而安静得像个刚刚吃饱、正在舔毛的猎食者。科学家们给出的解释是，物质掉入黑洞时会激发其活性，喷射出高能粒子，这种喷射反而会清空周边区域，使得黑洞平静下来，直到下一次的“猎物”再度被引力捕获而来。这就是超大质量黑洞在大部分时间里并不活跃的原因。

钱德拉的观测为这一解释提供了有力的证据，它在银心黑洞的附近观测到了许多 X 辐射瓣和等离子块，表明了银心黑洞存在准周期性活动。而在离银河系较近的星系的中心，钱德拉也检测到了超大质量黑洞由“反冲作用”造成的痕迹。

钱德拉深空场

要想更好地了解黑洞和星系的演化规律，需要进行深度的巡天观测。钱德拉接下了这一任务。代号为“钱德拉深空场”的巡天任务，在长达 3 个星期的曝光时长中，产生了有史以来观测得最深最远的 X 射线图像。观测覆盖的天区有多大呢？只有两平方度。比你举起一枚邮票，在手臂那个距离处所张开的角度还小。就在这么小的巡天观测范围里，钱德拉探测到了超过 2 000 个超大质量黑洞，为科学家们研究黑洞和星系的演化提供了大量的数据。

> 平方度（square degree）是一个量度立体角的非国际单位制单位，被广泛应用于天文学上，以度量天区在天球所占的面积。例如，从地球上观察，月球的视面积大约为 0.196 平方度。

通过研究这些巡天观测结果，科学家们发现，星系中的恒星形成和黑洞成长是密切关联的。那些最重的、比太阳质量大数亿倍的黑洞在宇宙诞生后的前几十亿年特别“贪吃”，它们最早形成，也过早地消耗了与之相伴的大质量星系的“青春”，此后不得不减少甚至完全停止了“进食”，从而沉寂下去。

而那些次一点的、相当于太阳质量数千万倍至数亿倍之间的黑洞，“吃相”比前者稍微“温和”一些，慢慢吃、吃得久。正因为如此，直到今天这些黑洞仍在发出辐射。

同时，巡天研究还意外地解开了一个困扰天文学界很长时间的谜团。从第一个 X 射线望远镜获得观测数据开始，它们总能看到整个 X 射线天空笼罩在一层微弱的 X 射线背景辐射之下，这个现象一直没能得到解释。直到钱德拉和 XMM-牛顿卫星深度巡天后，这一背景辐射才被证明是众多处于 30 亿—80 亿光年之外的活动星系所发出的 X 射线。

2017 年 6 月 15 日，我国在酒泉卫星发射中心采用长征四号乙运载火箭，成功发射首颗 X 射线空间天文卫星“慧眼”。2018 年 1 月 30 日，“慧眼”正式交付，投入使用。虽然它的设计寿命是 4 年，但直到 2023 年初，它仍然在运行中。

以钱德拉为代表的一系列 X 射线望远镜，为探索神秘宇宙又打开了一个窗口，第一次为人类揭开了恒星级黑洞的本质奥秘，使我们得以窥见潜藏于所有星系中心的超大质量黑洞。但是，比起震撼人心的黑洞，或许渺小的人类才是这个宇宙中最奇迹的存在——在宇宙的时间尺度里，我们以近乎须臾的存在，执着地追寻着永恒的宇宙真相。这也许是我们这种地球生物最可贵的精神品质。

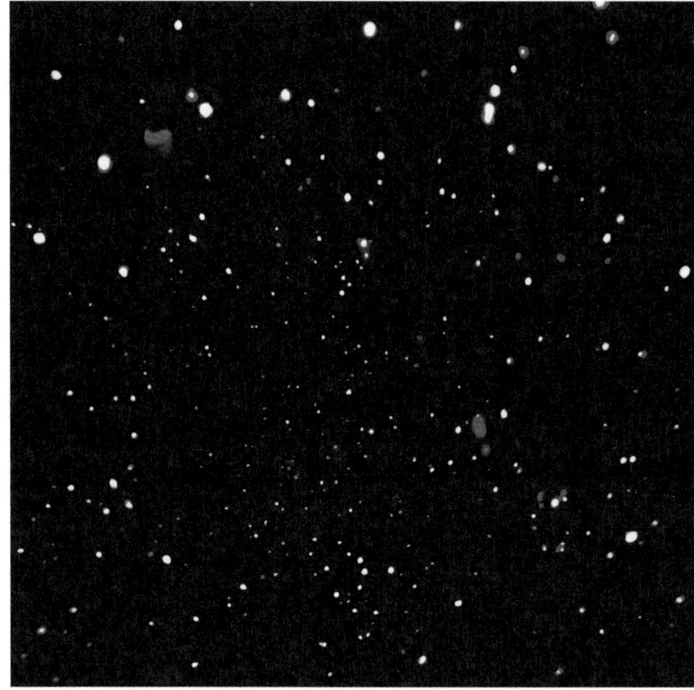

钱德拉深空场北区（版权：NASA/ESA/CXC/Penn State/D.M. Alexander，F.E. Bauer，W.N. Brandt et al.）

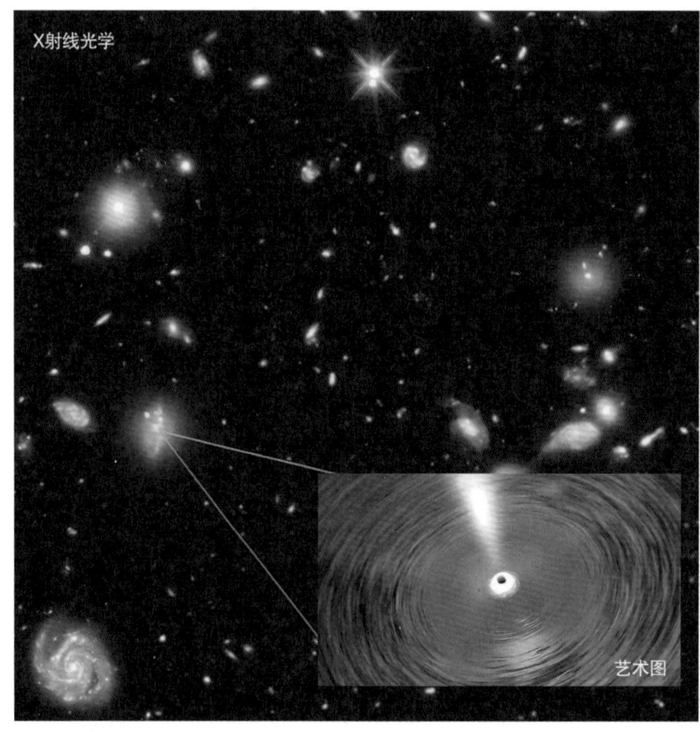

基于钱德拉深空场南区得出的超大黑洞图（版权：NASA/CXC/Penn. State/G. Yang et al. and NASA/CXC/ICE/M. Mezcua et al.；光学：NASA/STScI；艺术图：NASA/CXC/A. Jubett）

建立崭新的宇宙观：哈勃

你将了解：

哈勃空间望远镜的“近视”与“矫正”

哈勃的诸多发现

“哈勃深空场”系列图像

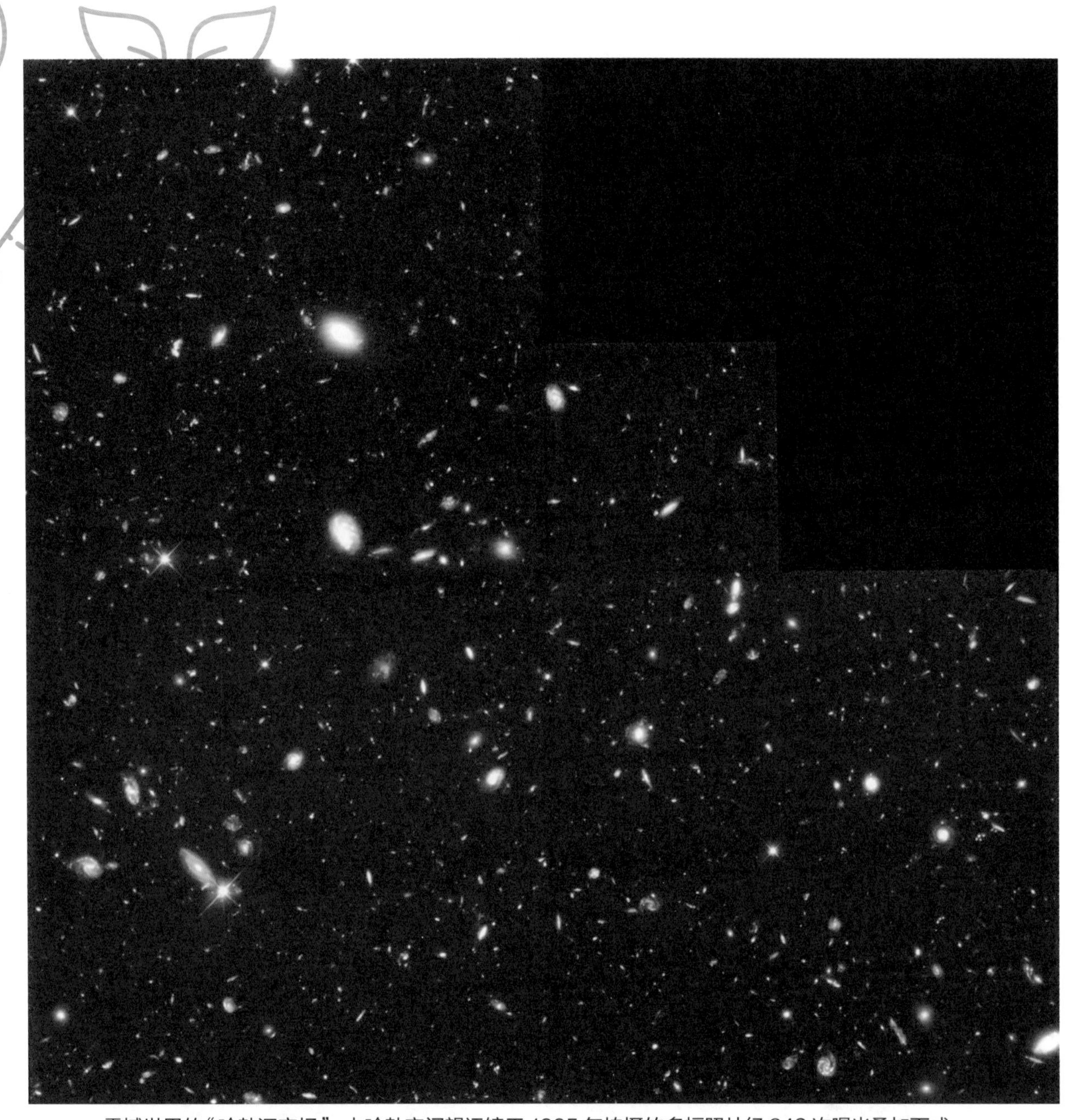

震撼世界的"哈勃深空场"，由哈勃空间望远镜于 1995 年拍摄的多幅照片经 342 次曝光叠加而成
［版权：Robert Williams and the Hubble Deep Field Team（STScI）and NASA/ESA］

纯黑的背景上洒满了让人眼花缭乱的璀璨"钻石"，数量之多，超过 3 000 颗。这可不是某个钻石品牌的广告，你看到的每一颗"钻石"都来自星空——不是单一的一颗星星，而是一个像银河系一样包含着千亿颗恒星的星系。

"哈勃深空场"横空出世，立刻成为 NASA 最值得骄傲的照片之一。它不仅美丽神秘，科学内涵也极其丰富。截至 2019 年 1 月，相关科学论文已被引用一千次以上。同时，它也吸引了红外线、射电和 X 射线领域的天文学家们迅速跟进。

哈勃是个“大近视”

1990 年 4 月 24 日，哈勃空间望远镜由发现号航天飞机发射进入轨道。这个长约 13 米、耗资 25 亿美元的天文望远镜，承载着科学家和民众的殷切期望。然而几周后，哈勃传来的第一张图像却让所有人大跌眼镜——画面中的星光并没有聚集在一个焦面上，而是散成了一个个又大又丑的光晕，模模糊糊的，与地面上的大型望远镜差不了多少……

原来，哈勃望远镜的主镜片存在一个“致命”瑕疵——它的边缘部分与最初设计存在约五分之一根头发丝的厚度差。仅仅五分之一根头发丝的小小缺陷，却让哈勃患上了严重的“近视”，一下子从天堂掉入地狱。消息传出，舆论哗然，美国宇航局立刻遭到了来自四面八方的抨击，评论员和访谈节目主持人纷纷调侃说“美国宇航局发射了一个史上最大的太空垃圾”，一些学校还把它当作反面案例，简直是全民吐槽。

读到这里，你可能会有一点疑惑：不对吧？我听说哈勃空间望远镜是一个非常成功的项目，我也看过哈勃拍摄的星空照片，并不模糊呀！没错，你的这些认识都是正确的，但与刚才讲的“近视眼”哈勃并不矛盾。到底怎么回事儿呢？咱们耐着性子往下看。

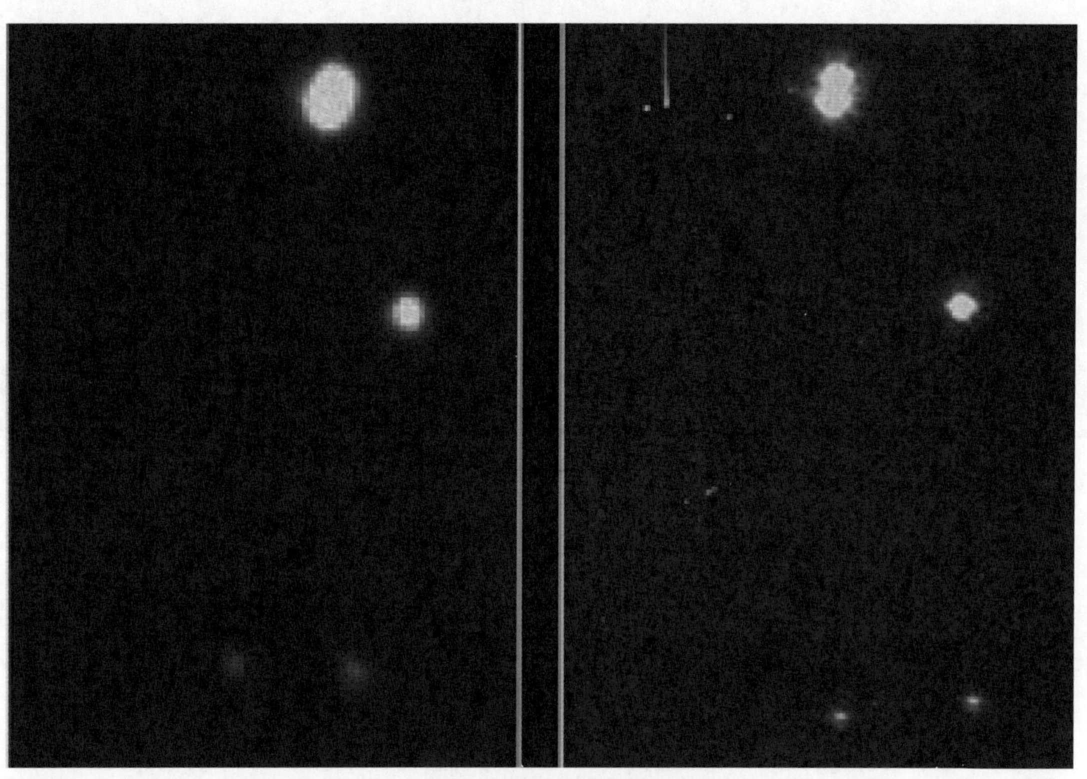

哈勃的第一张图像（右）与智利某地面天文台对同样天体所拍摄的图像（左）对比［版权：NASA，ESA，and STScI；地面拍摄图片：E. Persson（Las Campanas Observatory，Chile）/Observatories of the Carnegie Institution of Washington］

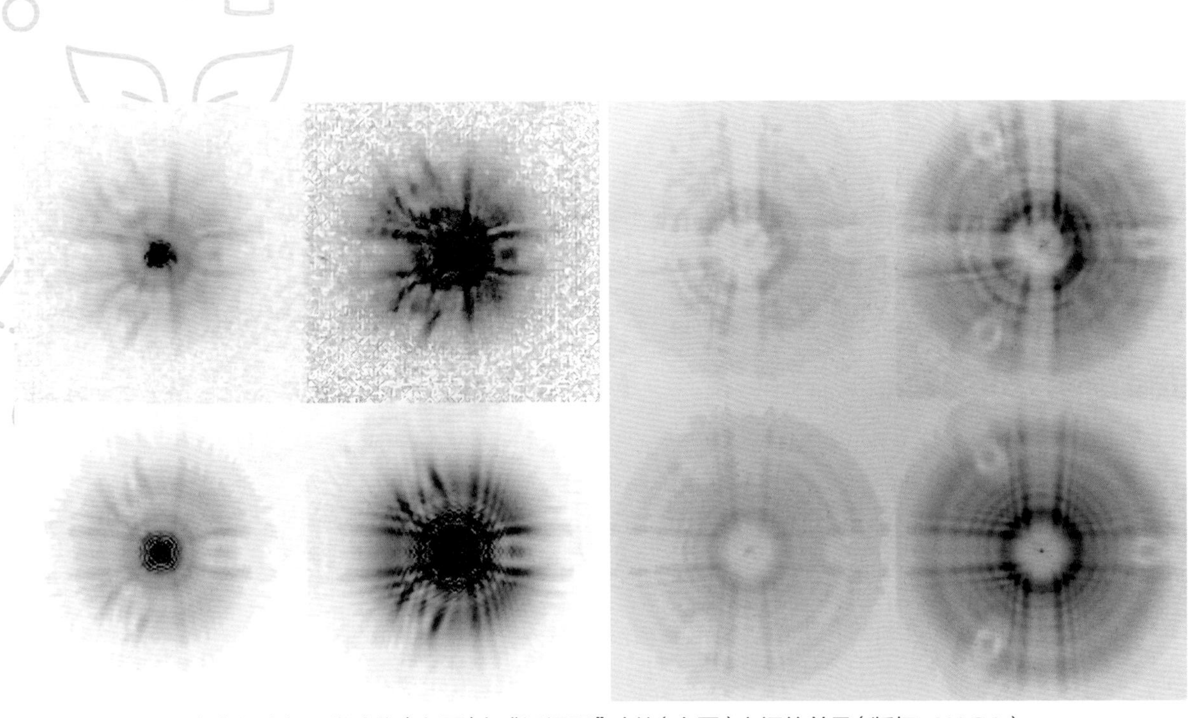

专家们分析正常成像（左图）与“近视眼”哈勃（右图）之间的差异（版权：NASA）

启示

可能你想不到，哈勃“近视”的罪魁祸首不是工程设计，而是管理体制。哈勃项目的参与者非常多：珀金－埃尔默公司负责建造光学望远镜组件、洛克希德公司负责建造望远镜的支撑系统，还有大约 20 个来自各个航天企业的二级合同。它们之间的合作关系复杂，缺少严格透明的管理机制，也缺少技术专家之间的清晰沟通。在最重要的主镜制作完成后，珀金－埃尔默公司检测镜面形状的光学设备出了问题，有两个元件位置偏差了 1.3 毫米。可怕的是，后期的两个补充检测明明发现了这颗“毒苗”，珀金－埃尔默公司却选择瞒报数据。后来到了美国宇航局，他们没有要求对主镜进行完全独立的检测。由于预算紧张，发射前的配件检测也取消了，问题一直被带到了天上。真应了那句谚语：一颗钉子就输掉了一场战争。

这启示我们：在科学研究和技术开发中，严格的质量控制和检测流程是确保项目成功的关键。在每个阶段都要进行严格的质量控制和检测，确保每一个部件、每一个环节都符合规格，同时坚持真实性、透明性、可重复性等科学原则。

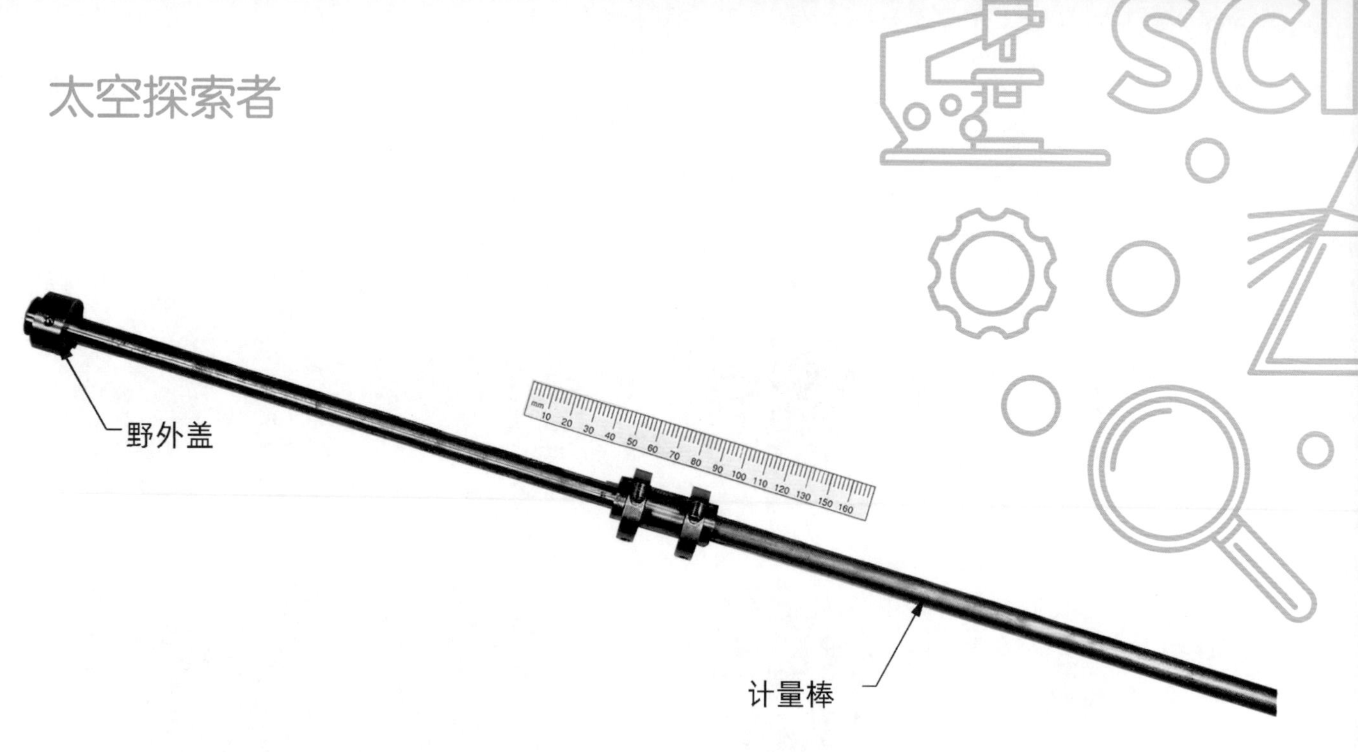

用于检测镜面形状的计量棒（注意野外盖）（版权：NASA）

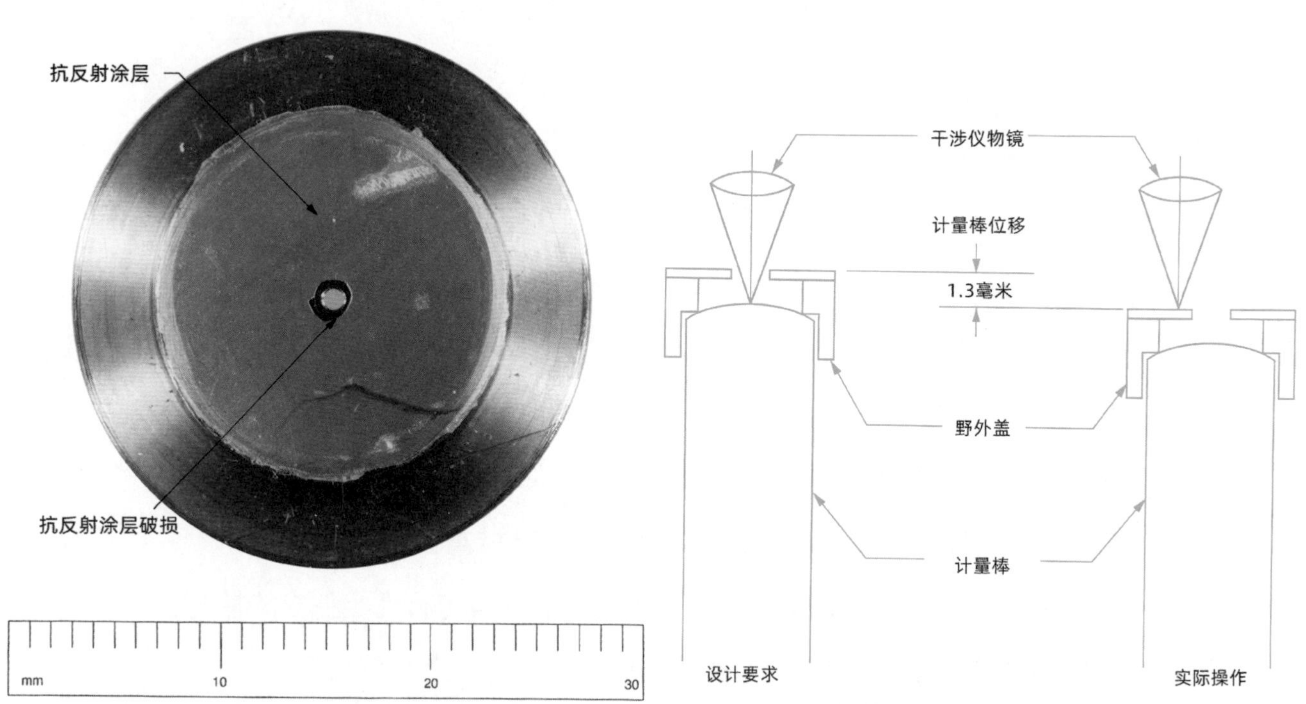

造成哈勃“近视”的计量棒上的野外盖（版权：NASA）

1.3 毫米误差产生的示意图（版权：NASA）

戴上“矫正镜”

事实上，哈勃项目从一开始就不是一帆风顺的。早在 1946 年，耶鲁大学的天文学教授莱曼·斯必泽就提出了在地球周围的轨道上放置望远镜对宇宙进行深度观测的好处。近 20 年后，美国国家科学院终于认可了这个项目，同意在天空中安置一台长 3 米的望远镜。但是，高达 4 亿—5 亿美元的预算，在 1975 年被国会直接驳回。为了让项目通过，美国宇航局和欧洲空间局挖空心思，把望远镜的口径从 3 米缩减为 2.4 米，成功地把预算降到了 2 亿美元。

这一次国会终于松口了，他们在 1977 年批准了预算，并把发射时间定在 1983 年。哪知道，1983 年没能如期发射，1984 年又遇到了挑战者号航天飞机失事，所有航天飞机被停飞，再加上各种各样的原因，一延期就是 7 年。直到 1990 年 4 月 24 日，哈勃空间望远镜才终于发射升空。从项目最初提出到正式发射，整整过去了 44 年。

可惜天不遂人愿，几经周折成功上天的哈勃，却患有严重“近视”，这给所有关注它的科学家当头浇了一盆冷水。

但好在哈勃的故事没有就这样遗憾收场——几位“天使”登场了。

1993 年 12 月，7 位宇航员乘坐奋进号航天飞机来到哈勃身边，为哈勃佩戴了专属的“矫正眼镜”。这个眼镜名叫 COSTAR（光学空间望远镜轴向改正件），它能抵消哈勃的镜片产生的光学偏差，用于矫正哈勃望远镜的“视力”。除此之外，7 位宇航员顺便升级了哈勃的机载计算机，安装了新的太阳能板，还替换了 4 个陀螺仪。

宇航员的“太空医疗服务”让哈勃迎来了新生。它不仅摆脱了“近视”的魔咒，成像能力修复到原设计水平，甚至还“鸟枪换炮”，大大升级了——因为宇航员为它带来了更先进的相机。“医疗行动”的成功让美国宇航局大获好评，人与机器的完美合作激起了民众强烈的热情与信心，舆论的风向一下子转变了。

COSTAR 生产设备及其构造
（版权：Wikimedia Commons/LouScheffer）

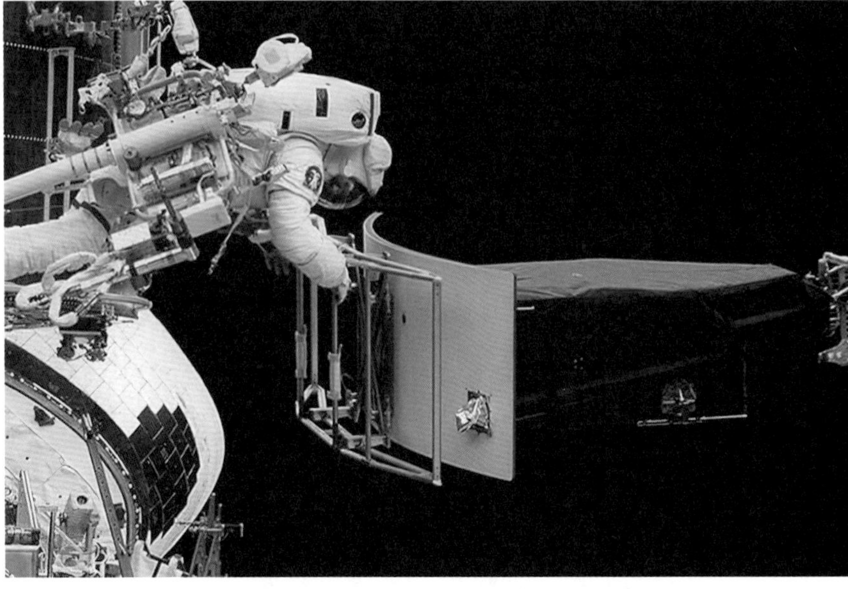

此图为宇航员出舱修复哈勃（版权：NASA）。整个维修过程持续了 11 天，宇航员们完成了 5 次太空行走，出舱工作的总时间超过了 35 个小时。这几乎是航天史上最复杂的一项任务

美国宇航局尝到了甜头，在接下来的十多年中又进行了 4 次类似的太空服务。每一次人类“医生”的“出诊”，都使哈勃的设备“青春焕发”。

第二次（1997 年）：宇航员给哈勃带来一个新的光谱仪及第一个设计在红外波段工作的仪器。

第三次（1999 年）：宇航员耐心地帮哈勃处理了陀螺仪失效带来的麻烦。

第四次（2002 年）：宇航员帮哈勃更换了新的太阳能电池板、动力单元、光谱仪和红外相机，还借助航天飞机把哈勃望远镜推到了更高的轨道上。

第五次（2009 年）：宇航员对哈勃的许多关键部件进行了替换和升级，同时安装了许多最新的先进仪器，哈勃的某些能力甚至达到了原始计划的一百倍以上。所有新安装的设备都能自动修复哈勃望远镜主镜片产生的误差，最初安装的“近视眼镜”COSTAR 不再是必要设备，宇航员们顺手拆除了它。

除了主镜以外，哈勃望远镜就像忒修斯之船，每一块船板、每一个木块都在航行的过程中被替换掉了。

正是这 5 次修复，让哈勃空间望远镜始终坚持在天文学研究的前沿。哈勃项目投入的金钱成本是巨大的，同时收益也是巨大的。

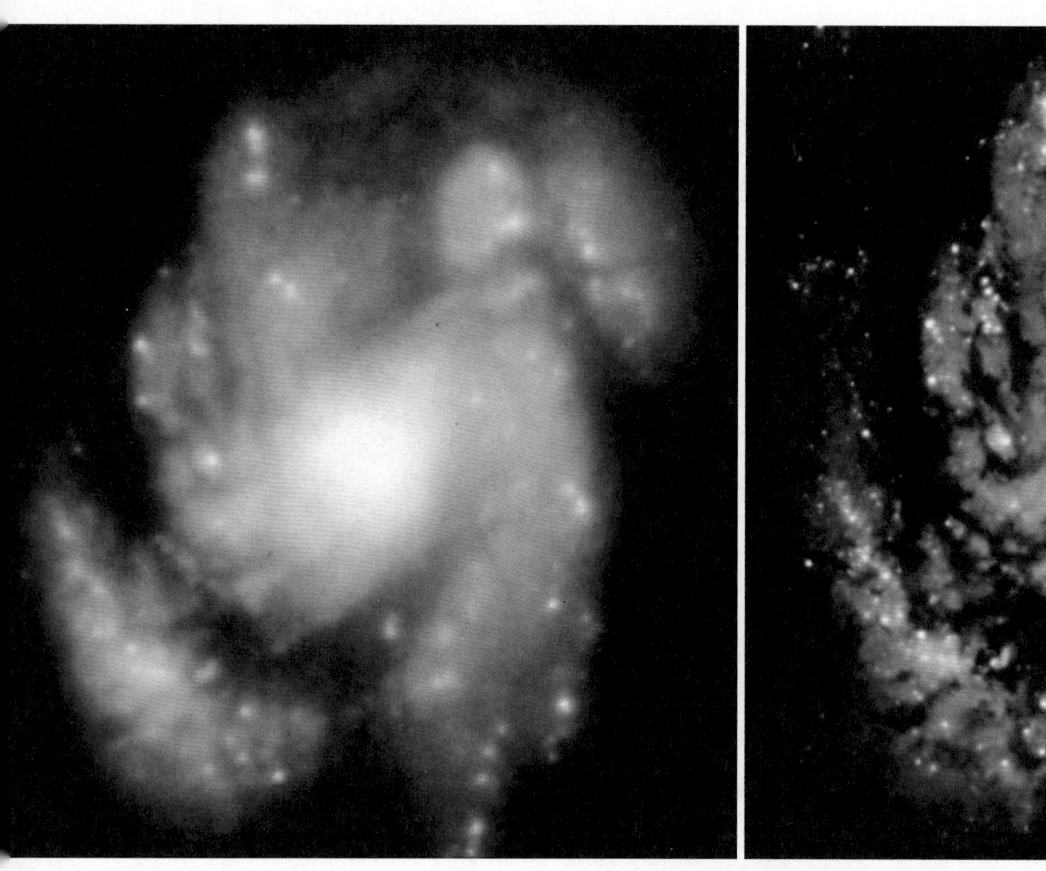
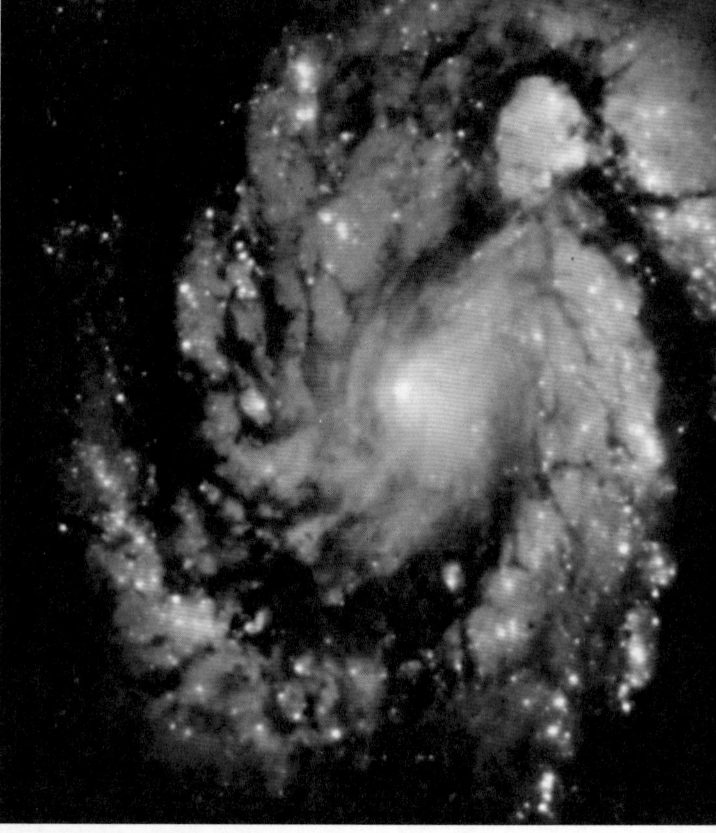

哈勃装上“矫正镜”前后拍摄图像质量的对比（版权：NASA）

差点夭折的第五次太空服务

2003 年 2 月哥伦比亚号航天飞机失事，给航天事业以沉重的打击。因此，美国宇航局当时的行政长官肖恩·奥基夫（Sean O'Keefe）左思右想，在 2004 年宣布放弃第五次太空服务的任务，哈勃只能在陀螺仪损坏或数据传输系统损坏之后，平静地迎接死亡。

没想到的是，这个决定掀起了舆论的惊涛骇浪。美国宇航局每天都能收到约四百封抗议的邮件，几十份美国新闻报纸的社论和专栏评论都提出了反对意见，许多报纸都将哈勃称为“人民的望远镜”，强烈表达了继续维护哈勃望远镜的愿望。甚至宇航员也参与了进来，签名表示虽然知道任务危险，但仍然愿意为望远镜服务。在“拯救哈勃”的舆论冲击下，美国宇航局新任行政长官迈克尔·格里芬（Michael Griffin）最终改变了奥基夫的决定，第五次太空服务于 2009 年 5 月成功进行。

想一想

哈勃的例子告诉我们，舆论的力量如何影响了美国宇航局的决策。想一想：当做出放弃第五次太空服务的决定时，美国宇航局考虑了哪些因素？他们是否权衡了哈勃望远镜的科学价值和维护成本之间的关系？如果你是美国宇航局的科学家们，你是否会支持哈勃接受第五次太空服务？

暗物质也可以测量

哪怕你平时对天文学关注不多，也肯定听说过“哈勃望远镜”的大名。篇幅有限，而哈勃的科研成果又太多，只能挑选几个跟你分享——毕竟它太优秀了！

第一，哈勃测量了宇宙膨胀的速度。宇宙膨胀有多快呢？这个速度是通过哈勃常数来确定的。哈勃常数代表当前宇宙膨胀的速度，物理单位是千米 /（秒·百万秒差距）。如果哈勃常数是 70，就意味着每增大 1 百万秒差距，退行速度将增大 70 千米 / 秒。哈勃空间望远镜对 30 多个星系进行距离测量，最终确定宇宙目前的哈勃常数为 73，随机误差为 6%，系统误差为 8%。除此之外，它还参与了对宇宙加速膨胀的证实。

之所以会有这些圆弧，是因为质量会使光线弯曲，无论普通物质还是暗物质，都会影响弧度，这也就成了给暗物质“称重”的可靠方法。

第二，哈勃测量了星系团中神秘的暗物质。通过观察“透镜成弧”现象，哈勃可以实现对暗物质的测量。“透镜成弧”是指在质量巨大的星系团中可以看到一个个圆弧，它们都是以星系团的核为中心的同心圆中的一小段，就像你在水中扔一颗石子出现的一段段涟漪。哈勃提供的精细影像，可以用来研究数十个星系团的透镜成弧现象。在有些星系团中，甚至可以看到数百个小弧线，就像这几百条光线都在帮忙做光学实验一样。通过分析它们的弧度，就能知道星系团中暗物质的情况。哈勃的观测证实了暗物质的总量超过普通物质的 6 倍。

科学家利用哈勃的数据制作出的暗物质 3D 图
[版权：NASA，ESA，and R. Massey（California Institute of Technology）]

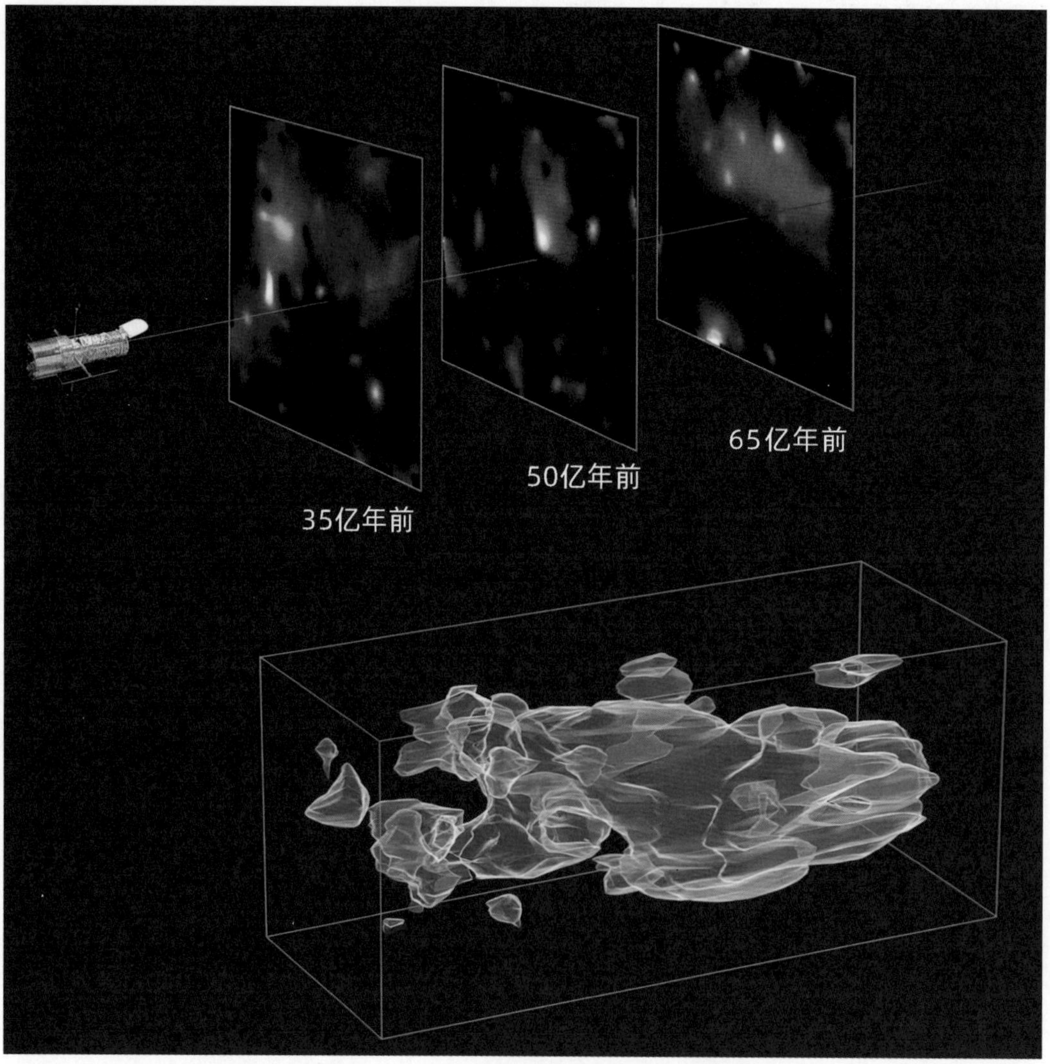

35亿年前
50亿年前
65亿年前

此图为哈勃最著名的影像之一：老鹰星云内部的“创生之柱”，由哈勃在 1995 年用 4 架不同的相机拍摄［版权：NASA，Jaff Hester，and Paul Scowen（Arizona State University）］。画面中绿色的是氢，红色是电离的硫，蓝色是少了两个电子的氧原子。请查一查：为何画面右上角是缺失的？

经典的“深空场”系列

类似上面的成果还有很多很多，而下面要说的不是什么重大的科学发现，而是震撼世界的“深空场”系列。

在 1995 年拍摄的“哈勃深空场”震撼世界之后，深空视场如雨后春笋般涌现出来。哈勃在 2003 年和 2012 年对该区域的更小视场、更深区域进行了拍摄，得到了哈勃超深空场和哈勃极深空场的照片。在哈勃超深空场中，哈勃拍到了约 10 000 个星系，其中最暗的天体亮度是人眼能看到的最暗的光的 50 亿分之一。

此图为哈勃超深空场（Hubble Ultra Deep Field，HUDF），由哈勃空间望远镜于 2003 年 9 月 24 日至 2004 年 1 月 16 日，经 113 天曝光而得（版权：NASA and the European Space Agency. Edited by Noodle snacks）。显示范围为 3 平方角分，仅占全天空面积的 12 700 000 分之一

此图为哈勃极深空场（Hubble eXtreme Deep Field，XDF），由哈勃空间望远镜曝光 23 天拍摄，于 2012 年 9 月 25 日公布（版权：NASA；ESA；G. Illingworth，D. Magee，and P. Oesch，University of California，Santa Cruz；R. Bouwens，Leiden University；and the HUDF09 Team）。图像中最暗星系的光度甚至只有肉眼可见光度下限的 100 亿分之一

太空中的哈勃（版权：NASA）

从 1990 年发射以来，哈勃空间望远镜几乎完成了观测可见宇宙中所有天体类型的基本任务，集中地体现了人类探索遥远世界、理解宇宙起源的种种努力。时至今日，哈勃依然没有退休，它遨游在太空中，捕捉和传递着星系和星云的惊人影像。未来会怎么样呢？只能说，别急，让哈勃再飞一会儿……

2021 年 4 月 29 日，中国载人航天工程天和号核心舱发射，拉开了中国空间站全面建设的序幕。在空间站工程未来的计划中还包含一个质量达十几吨的用于最前沿天文学研究的光学舱，被称作“巡天空间望远镜”，将架设一个口径 2 米的光学望远镜，预计于 2024 年前后投入科学运行。

每一台空间望远镜，都在为人类伟大的天文事业做出自己的贡献。它们成了人类探索宇宙的代名词，成了我们在宇宙中派遣的眼睛和耳朵。每一个观测和发现都是人类智慧和勇气的结晶，也是人类文明的荣耀。或许未来还会有更先进的望远镜诞生，但它们的初心不变——那是人类的初心——探索更遥远神秘的世界，揭开宇宙的真相。

描绘婴儿期的宇宙：WMAP

你将了解：

宇宙微波背景辐射

暴胀理论的提出与验证

WMAP 的科学发现

WMAP 拍摄的精度极高的宇宙微波背景辐射图（版权：NASA）

硕大的椭圆形圆盘上，斑驳地分布着蓝色、绿色、黄色、红色的色块。颜色代表着辐射的温度：蓝色是辐射相对较冷的区域，红色是辐射相对较热的区域，绿色和黄色则介于两者之间。你可能会想问：那这张图有什么意义呢？

可别小看它，图中的颜色变化，反映了宇宙早期时密度的微小起伏。这些小小的起伏波动，在宇宙“长大”以后，形成了无比庞大的星系和星系团。在宇宙微波背景辐射探测器 WMAP 眼中，宇宙微波背景辐射就是宇宙婴儿时期的景象！

宇宙微波背景辐射（Cosmic Microwave Background Radiation）是指宇宙中存在的一种微弱辐射。它源于宇宙大爆炸时刻之后，也就是非常早期的时候，这时的密度和温度相对较高，因此频率很高、波长很短，属于微波辐射的一种。

“上帝指印”

1989 年 11 月 18 日，在美国范登堡空军基地，一支德尔塔火箭冲天而起，把一台价值上千万美元的探测器发射到了太阳同步轨道，这是人类发射的第一台宇宙微波背景辐射探测器，简称 COBE。

在物理学家乔治·斯穆特（George Smoot）和约翰·马瑟（John Mather）的带领下，一千多位研究人员为了这台探测器辛勤忙碌。两年多后，他们宣布了一项激动人心的发现：观测数据表明，天空中一个区域与另一个区域的宇宙微波辐射强度，与一个常数温度值存在几十万分之一的偏差。消息一出，立刻登上了全美各大报纸的头条，整个科学界都为之兴奋，这仅

仅几十万分之一的小小偏差，被科学家激动地称为“上帝指印”。为表彰这个重大发现，乔治·斯穆特和约翰·马瑟被授予2006年诺贝尔物理学奖。

读到这里，你可能有点想不明白：不就是宇宙中微波辐射的一点点变化吗，而且还那么微小，为什么称它为“上帝指印”？对它的发现又为何能担当得起一个诺贝尔奖呢？

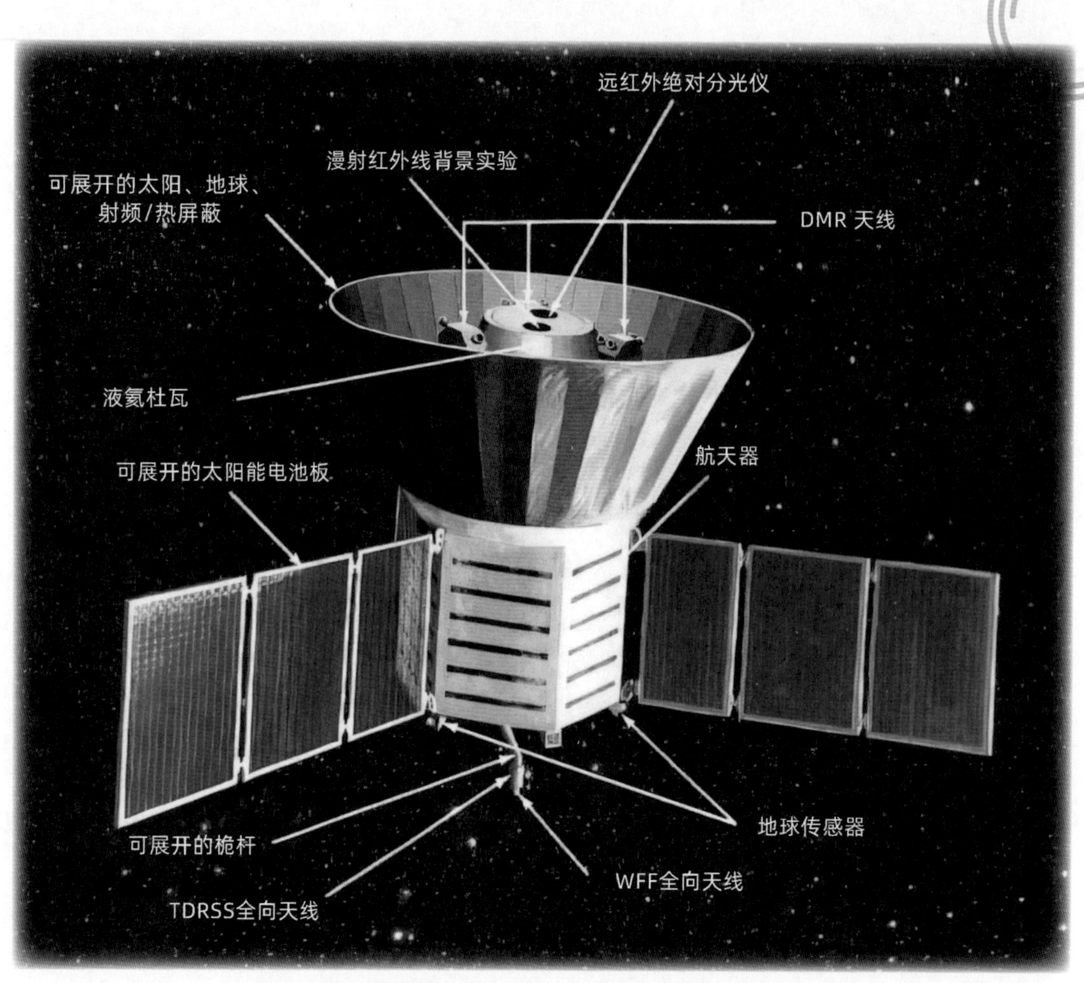

COBE 的部件示意图（版权：NASA/COBE Science Team）

启示

原来，COBE 找到了宇宙微波背景辐射的温度涨落，仅有几十万分之一的小偏差，与理论预测相符，这证实了当时正处于假设阶段的暴胀理论。COBE 的成功表明，理论预测与实验结果之间的一致性是科学研究的一个核心原则。科学家们可以通过这个原则来测试他们的理论，从而确定理论是否准确。在面对未知和复杂的问题时，科学家们会采用理论预测和实验验证相结合的方法。不仅在天文学领域，这一方法在自然科学的所有领域都是通用的。你学会了吗？

“疯狂”的假设

1929 年，美国天文学家埃德温·哈勃（Edwin Hubble，1889—1953）和他的助手观测到，遥远的星系都在以每秒 1 100 千米甚至更大的速度远离银河系，这意味着宇宙正在膨胀！哈勃的观点一出，科学界广为震动，很多人都觉得这太荒谬了，连爱因斯坦刚开始都表示无法接受。

埃德温·哈勃
（版权：公共领域）

但比利时天文学家乔治·勒梅特（Georges Lemaître，1894—1966）不但没有反对这个观点，反而在这个基础上做出了更大胆的推测。他认为宇宙曾经有一个“开始”，宇宙是从一个起点开始慢慢膨胀变大的。也就是说，我们的整个宇宙，超过十亿个星系，是从一个极微小的时空中突然产生出来的。

怎么样，如果你是 100 年前的一名吃瓜群众，刚听到这个观点，是不是会觉得根本无法接受呢？大爆炸理论要想得到认可，必须得到实际观测证据的证实，否则它就仅仅是一个疯狂的假设而已。

此图为罗伯特·密立根（左）、乔治·勒梅特（中）和爱因斯坦（右）在勒梅特演讲后的合影（版权：公共领域）。勒梅特的观点是著名的宇宙大爆炸理论的前身

时间来到 1949 年，乔治·伽莫夫（George Gamow，1904—1968）和罗伯特·赫尔曼（Robert Hermann，1931—2020）为宇宙大爆炸理论找到了一个可能被观测到的特征。他们预言，如果大爆炸存在的话，那么它的余晖会在数十亿年后逐渐冷却下来，变成弥漫于宇宙的微波光子，也就是说，宇宙中会广泛存在着一种微弱辐射——宇宙微波背景辐射。伽莫夫不仅定性地描述了微波背景辐射是什么，还定量地计算出了这个辐射的温度应该是 5 开，如果用今天测定的参数代入他的方程，数值是 2.7 开。这么精确的预测，真是让人既觉得不可思议，又深感敬佩。那么，微波背景辐射到底存在吗？它能否被实验观测到呢？

幸运的是，这个答案我们现在已经知道了。就在伽莫夫去世的 3 年前，也就是 1965 年，他预言的宇宙微波背景辐射被两个工程师意外观测到了。他们测得这种微

波辐射信号的温度是 3.5 开，和伽莫夫的预言十分接近，仅有一点点误差。

需要说明一点，宇宙微波背景辐射之所以能成为大爆炸理论的关键证据，不仅仅是因为它符合了伽莫夫的预言，更重要的一个逻辑是：目前观测到的 3 开左右的温度，相当于宇宙的任何一个 1 平方厘米的地方每秒钟都能接收大约 10 个光子，考虑到宇宙的尺度之大，根本不可能有哪一个辐射源能产生如此巨大的能量，只有一种解释——这些光子是在宇宙诞生的时候同时产生的，就像一个巨大的火球在经过了约 138 亿年的膨胀之后，还剩下一丝余温。

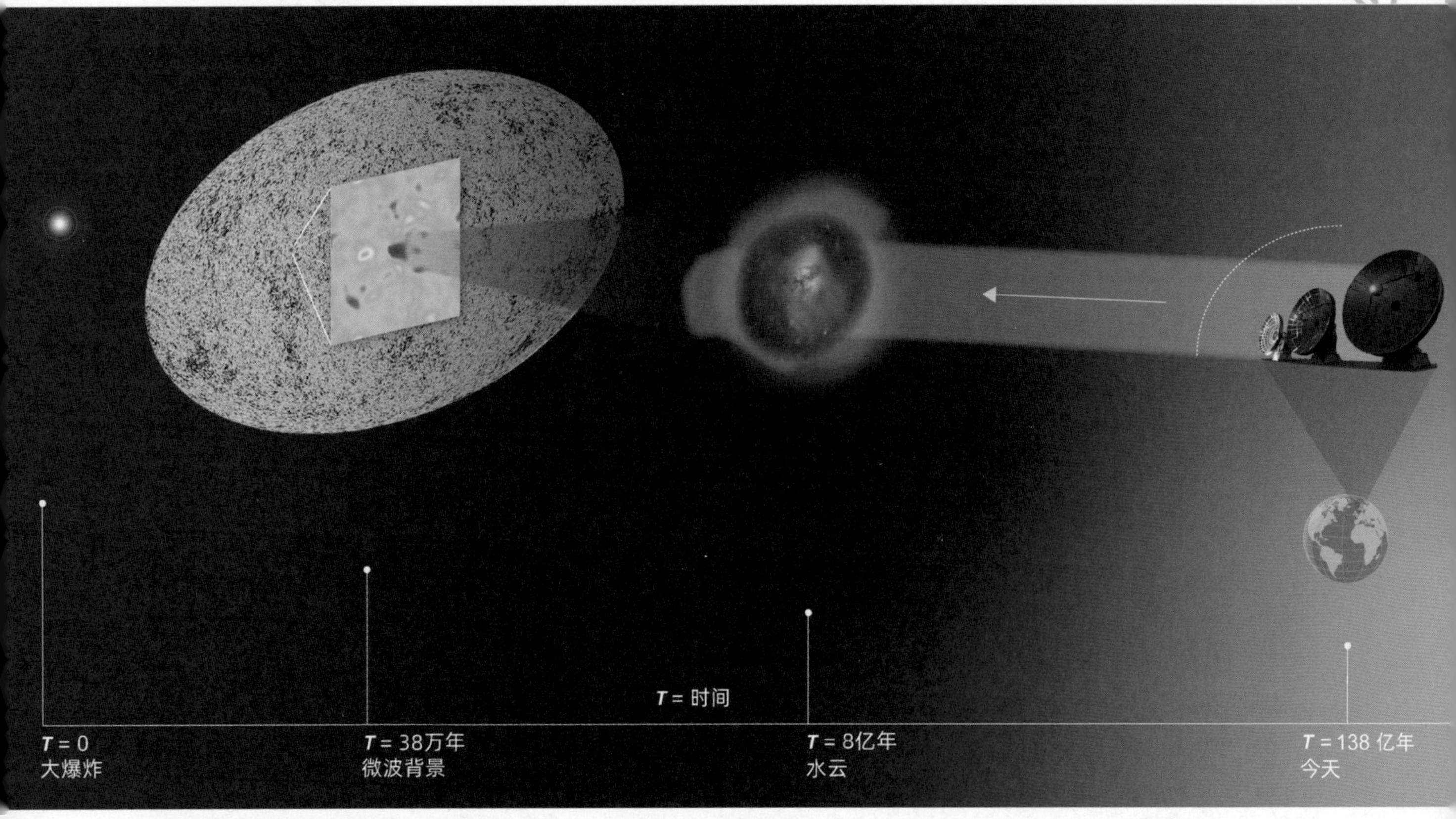

T = 时间

T = 0
大爆炸

T = 38万年
微波背景

T = 8亿年
水云

T = 138 亿年
今天

大爆炸遗迹到达地球之旅（版权：ESA and the Planck collaboration；左侧：Dominik Riechers，University of Cologne；图片合成：Martina Markus，University of Cologne）

想一想

“开”是一个温度单位，也叫作开尔文（Kelvin，缩写为 K），是国际单位制中温度的基本单位之一，用于表示热力学温度，常用在物理学和化学领域。开尔文温度与摄氏度的换算公式为：K=℃+273.15。其中，K 表示开尔文温度，℃表示摄氏温度。

那么，2.7 开等于多少摄氏度呢？

史上最幸运的工程师

宇宙微波背景辐射是被两个非常幸运的工程师——彭齐亚斯和威尔逊找到的。1964年，他们在新泽西州建造了一个形状奇特的号角形射电天文望远镜，开始对来自银河系的无线电波进行研究。

这根号角形的巨大天线非常灵敏，喇叭口的直径达到了6米，可能是当时世界上最灵敏的天线。但天线启动后，这两小伙就非常郁闷，天线似乎有毛病，总有一个噪声在干扰他们。两人一致认定噪声是天线本身的问题，理由很简单——无论天线指向天空的何处，这个噪声总是不依不饶的顽固存在着。于是，两小伙与之展开了长达一年多的漫长斗争。他们把所有能拆的零件全部拆下来，再重新组装一遍，没用。他们又检查了所有的电线，掸掉了每一粒灰尘，仍然没用。有一次，他们在天线里发现了一个鸽子窝，居然有鸽子在里面筑巢。“罪魁祸首一定是鸟屎，鸟屎是一种电解质！”两人再次爬进天线，把所有的鸟屎擦得干干净净。可干完这一切后，那个鬼魅般的噪声反而更加清晰了。

就这样折腾了足足有一年的时间，两人都濒临绝望了。1965年，他们打电话给罗伯特·迪克（Robet Dicke，1916—1997）教授寻求帮助。此时迪克教授正领导一个研究小组试图验证伽莫夫的预言——宇宙微波背景辐射。他清楚地知道，他要找的东西已经被这两个毛头小伙子找到了：彭齐亚斯和威尔逊收到的噪声就是来自宇宙的本底辐射。

宇宙大爆炸理论的最关键证据就这样被戏剧性地发现了。这两个幸运的美国工程师在十多年后获得了诺贝尔物理学奖。

复制粘贴般的“诡异”温度

就这样，有了宇宙微波背景辐射的“加持”，大爆炸理论初出茅庐便一鸣惊人，出色地通过了第一次考验。而在全世界的科学家们都兴奋地把目光对准宇宙微波背景辐射，对它展开越来越精确的测量时，事情的走向却开始越来越“魔幻”，一系列数据让大爆炸理论的支持者们开始冷汗直冒，坐立难安。这是怎么回事？

原来，科学家惊讶地发现，整个空间的辐射竟然是完全均匀的，无论把天线指向哪里，辐射的温度都在2.725开左右，就像是复制粘贴的一样。你可能一下子不能明白“均匀的温度”意味着什么，问题在哪里。别急，下面一解释你就明白了。

事实上，宇宙早期膨胀的速度是非常大的。在微波辐射刚刚开始的时候，空间中两个点彼此离开的速度能达到光速的 60 倍。在这种极速膨胀的情况下，宇宙中任意两个区域都来不及达成一个平衡的状态，因此不可能准确地达到相同温度。这就好像是在夜空中炸开了焰火，但测量后发现，焰火的每一束火花的温度竟然都完全一致，太令人费解了！

后来，一位叫阿兰·古思（Alan Guth）的物理学家为这种现象找到了一个合适的解释，他提出了著名的暴胀理论。他认为，宇宙初期的空间分离速度比标准模型预测的分离速度要小，这让“宇宙大火球”有足够的时间在每个区域都达到相同的温度。在完成了这个热平衡后，宇宙开始了一次短暂的爆发性膨胀，这绝对是一场极端疯狂的膨胀，速度之大令人咋舌——大约是在十亿亿亿亿分之一秒的时间内，宇宙的尺度突然增大了 10^{26} 倍，也就是一百亿亿亿倍。

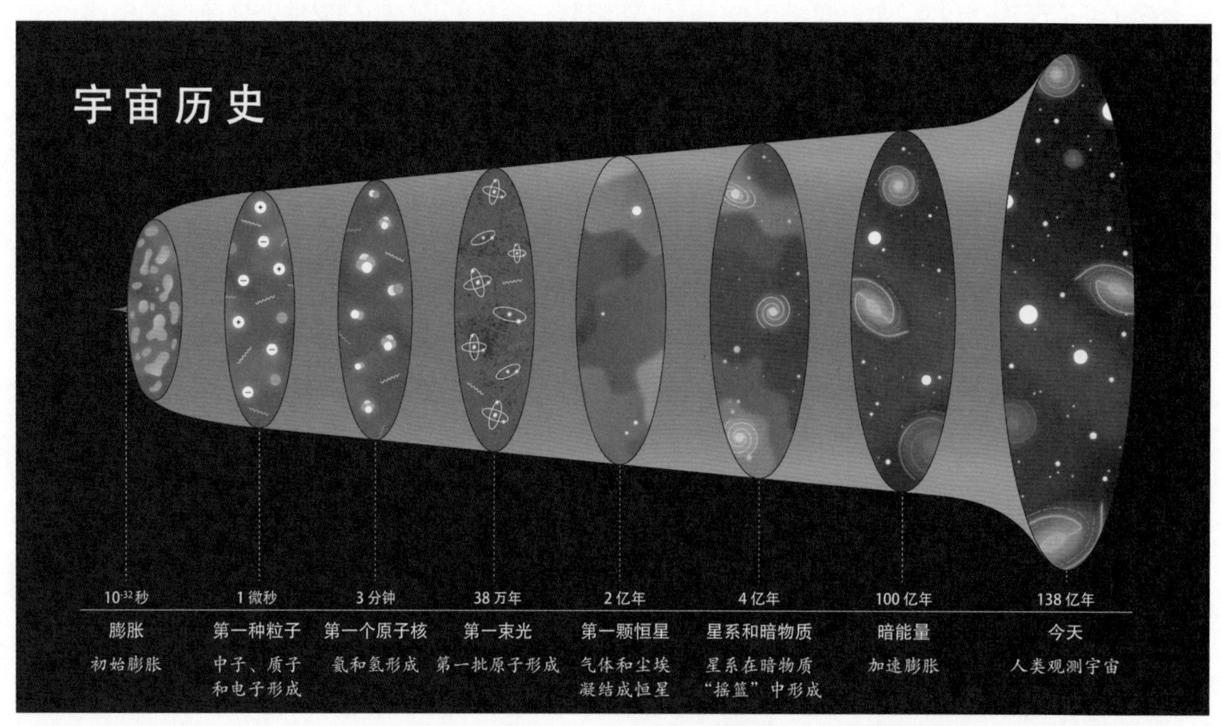

宇宙的历史，这个模型的核心就是宇宙空间各部分在迅速远离之前就已经达到了相同的温度（版权：NASA）

> 非同寻常的主张需要非同寻常的证据。请记住：科学是用证据说话的哦！

如果说大爆炸理论在初期让人无法接受，那么疯狂的暴胀理论就更加出奇；如果要让它得到科学共同体的认可，必须拿出强有力的证据。

那么，暴胀理论是否能做出一些可以被检验的预言呢？是可以的。在一大批理论物理学家的共同努力下（包括大名鼎鼎的霍金），他们发现，空间的快速膨胀并不会导致辐射的绝对均匀。相反，因为量子涨落的存在，在宇宙看似均匀的微波背景辐射中必定会存在极为微弱的温度涨落，这就像光滑的水面上会泛起微微的涟漪一般。只要观测到这个微弱的“涟漪”，暴胀理论也就得到了最为关键的证据。

为了检验这个预言，第一台宇宙微波背景辐射探测器 COBE 在 1989 年踏上了征程。它找到了宇宙微波背景辐射的温度涨落，仅有几十万分之一的小偏差，和理论预测相符，给暴胀理论提供了关键证据。COBE 的发现极大地振奋了科学家们探索宇宙微波背景辐射的热情。

WMAP 的碾压式胜利

2001 年 6 月 30 日，美国宇航局在卡纳维拉尔角又发射了一台宇宙微波背景辐射探测器——威尔金森微波各向异性探测器（Wilkinson Microwave Anisotropy Probe），简称 WMAP，这也是我们今天压轴亮相的主角。WMAP 以更高的精度测量了宇宙微波背景辐射，对暴胀理论进行了更加严格的验证。

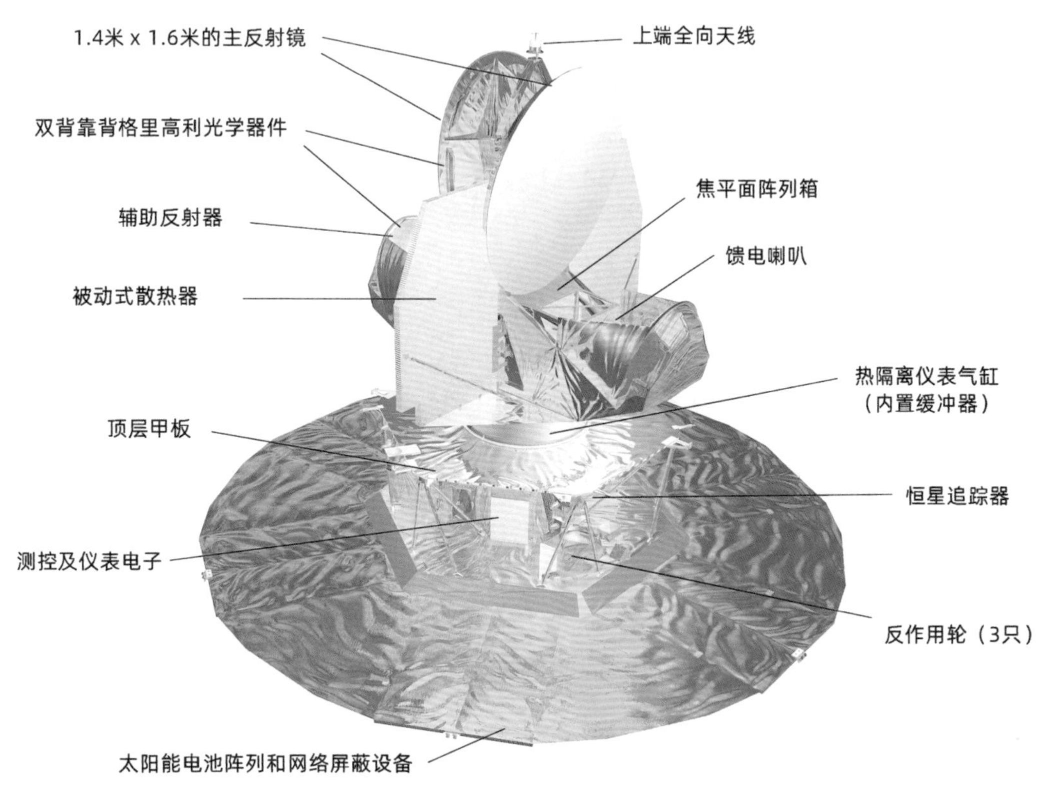

此图为 WMAP 的部件图（版权：NASA/WMAP Science Team）。从外形上看，WMAP 比 COBE 大得多，而且复杂得多，但其实它的质量只有 COBE 的三分之一。它使用一对直径为 1.5 米的盘形天线来收集微波辐射，接收器可以在 5 个频率上工作。WMAP 每 130 秒转动一周，需要 6 个月才能完成一个完整的全天图，记录天空中每一部分的微小温度变化

地–日第二拉格朗日点（L2点）是一个位于地球和太阳之间，距离地球约150万千米的点。在这个点上，地球和太阳的引力相互作用，可以产生与地球公转相同的周期，从而使得在该点上的天体能够与地球保持相对静止的位置。

还记得吗？SOHO就是在该点上运行的太阳观测卫星！

你可能会想：COBE不是已经证实了暴胀理论吗？WMAP相当于做一个“二次检查”，好像作用并不大吧。为什么它还是今天的主角呢？

事实上，WMAP的重大意义在于，它可以将大爆炸理论的检验精度推进到新高度。WMAP与COBE相比有一个很大的优势，那就是它被送入了距离地球150万千米的地–日第二拉格朗日点，这里的辐射污染要远低于较低的地球轨道。得天独厚的“地段”让WMAP的灵敏度远高于COBE，可达到COBE的45倍，而且能够分辨出是COBE分辨细节的三十五分之一的空间细节。

WMAP与COBE在一起对比，相当于哈勃空间望远镜和地面上的30厘米望远镜的对比——这是降维打击般的碾压式胜利。也就是说，WMAP的观测数据要可靠得多，如果两者出现矛盾，COBE之前的观测结果势必要被推翻了。

那么，WMAP的观测结果到底是支持暴胀理论，还是反对呢？简单告诉你一个结论——是支持的。面对更加严苛的检测，暴胀理论依旧屹立不倒！

近40年间探测微波背景辐射的灵敏度比较（版权：NASA）

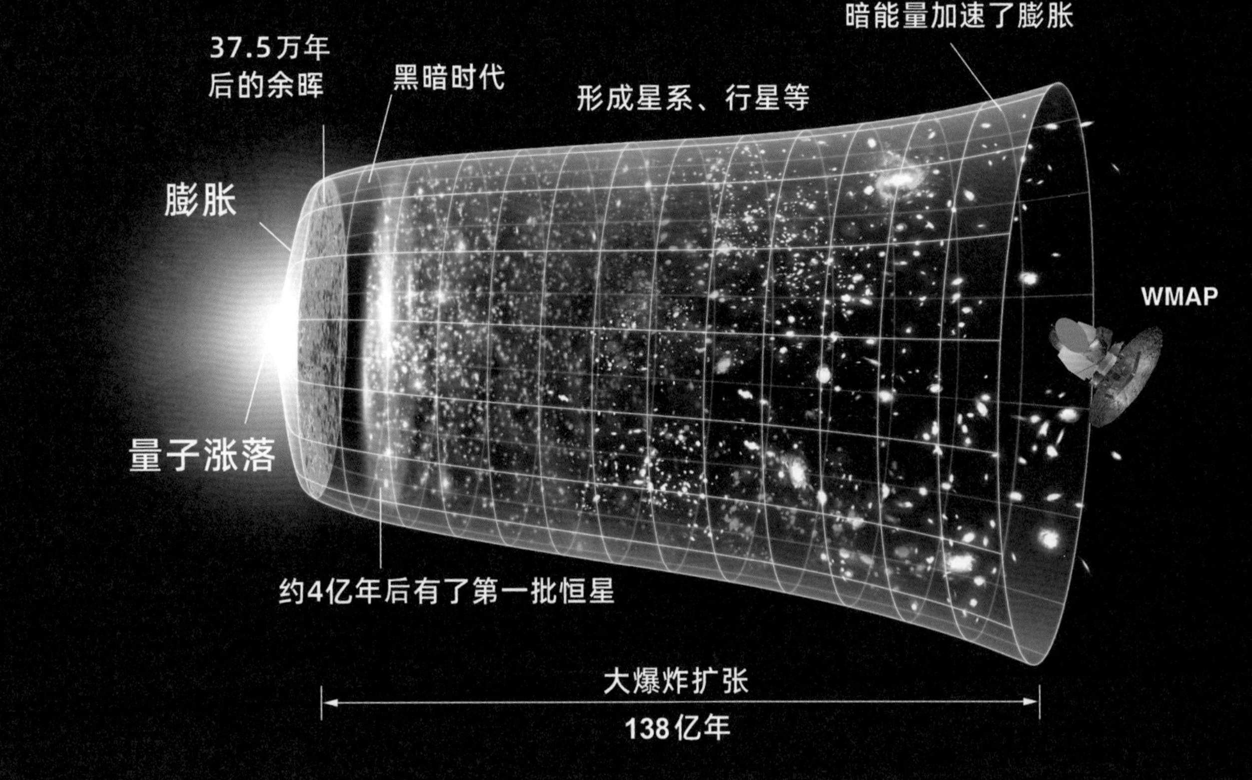

此图为 WMAP 帮我们还原的宇宙诞生的时间线（版权：NASA/WMAP Science Team）。WMAP 的数据还让我们开始了解第一代恒星和星系形成的时期。你知道吗？当今宇宙学的最前沿领域就是“暴胀时刻”，也就是在大爆炸之后不可思议的十亿亿亿亿分之一秒的时间里发生的事情

有了 WMAP 提供坚实的数据支持，暴胀理论作为宇宙大爆炸理论的重要修正，一直统治着宇宙学领域，被称为标准宇宙模型。

除此之外，WMAP 还以前所未有的精度测量了宇宙的质量和能量。它测量出普通物质只占到宇宙总质能的 4.6%，暗物质占到了宇宙总质能的 23%，其中前者的误差仅为 0.1%，后者的误差仅为 1%。这两个数字意味着一个让人惊叹的事实：宇宙的绝大部分都以谜一样的暗物质和暗能量的形式存在，只有一小部分是普通物质，组成了我们熟知的恒星、行星和人。

现在，在西藏自治区阿里地区坐落着我国最大的微波天文观测站之一——阿里地区微波天文观测站。阿里地处理想的中纬度区域，水汽含量低、大气透明度高，是北半球观测条件绝佳的地点。而该观测站的主要目标之一就是探测宇宙微波背景辐射，进一步研究极早期宇宙暴胀理论。

当我们仰望星空时，我们所看到的不仅是闪耀的星辰，还有宇宙中那特殊的“语言”——电磁波。这种语言充斥在空间的每一个角落，等待我们去倾听、去探测。2009 年，欧洲空间局发射了第三代微波背景探测卫星——普朗克（Planck）空间天文台，再次帮助人类探索宇宙婴儿时期的秘密。科技的进步会不断给人类带来惊喜，不是痴人说梦——我们或许真的可以期待，宇宙的神秘面纱被完全揭开的那一天……

探索暗物质之谜：悟空号

你将了解：

- 暗物质的发现
- 悟空号的任务
- 悟空号提供的珍贵数据

看似平平无奇的“瓷砖”，其实是航天业非常重要的材料——BGO（锗酸铋晶体）
（版权：Materialscientist）

白色“瓷砖”上，不平整的“腻子”抹在上面，好像是某个建筑工地上被随意扔掉的两块废料。低调的 BGO，锗酸铋晶体在高能粒子，如 X 射线或 γ 射线的照射下会发出荧光。在我国悟空号探测器上，最关键的设备就是 BGO 量能器，它是主角，其他都是配角。

特别值得一提的是，悟空号上的 BGO 量能器的锗酸铋晶体边长达到了 60 厘米，比之前的世界纪录长了整整一倍，这让我国拥有了全世界探测面积最大的空间探测器！那么，悟空号探测器为什么要使用这种材料探测高能粒子？它又有哪些收获呢？让我们从头说起。

制造锗酸铋晶体是中国科学院上海硅酸盐研究所的拿手好戏。包括欧洲核子研究中心在内，很多单位的锗酸铋晶体都是由他们提供的。

银河系的质量“丢失了”

20 世纪六七十年代，美国有一位女天文学家名叫薇拉·鲁宾（Vera Rubin，1928—2016）。在那个年代，女性天文学家是很少的，而鲁宾的研究方向又是不那么热门的星系自转曲线——这个领域的女天文学家就更少了，简直就是天文学界的“大熊猫”。

薇拉·鲁宾

（版权：Archives & Special Collections，Vassar College Library）

有一天，鲁宾在研究银河系的转动时，产生了一个巨大的困惑：银河系的旋转好像有点不同寻常！按照牛顿力学的推算，越往外圈速度越小才对。但是，这和她的实际观测对不上——银河系外侧的恒星绕银河系中心转动的速度，比用理论推算出的数值大了太多。这一发现让鲁宾大惑不解，也激发了她深入研究的兴趣，这一研究就持续了十几年。她取得了大量翔实的观测数据，又做了仔细的计算。她发现，如果要维持银河系目前的转动速度，又不让银河系分崩离析，银河系的总质量必须远远高于目前已经观测到的所有可见天体的质量。也就是说，鲁宾发现银河系的大部分质量“丢失”了。

于是，1980 年，她和同事发表了一篇论文，详细描述了他们的发现。从那时候开始，天文学家们蜂拥而至，纷纷开始研究这部分丢失了的质量到底是什么东西，提出了一个又一个的假说，好不热闹。

启示

其实，薇拉·鲁宾并不是第一个注意到这个奇特现象的天文学家，比她更早的简·亨德里克·奥尔特（Jan Hendrick Oort，1900—1992）和弗里茨·兹威基（Fritz Zwicky，1898—1974）都发现过这种现象，只是他们没有深究下去。是鲁宾用翔实的观测数据引发了全世界天文学家的关注。而她与同事发表的论文也成了天文学史上第一篇有关暗物质的重量级论文，影响很大。这启示我们：翔实的观测数据是科学研究的重要基础之一，它可以提供有力的证据来支持或反驳某一个科学假说。如果一个科学研究只是基于推测或理论分析，那么它的可信度将大打折扣，很难赢得科学界的认可，也很难得到广泛的关切。

鲁宾如何算出银河系的质量？

如果我们用沙子捏一个陀螺，把它旋转起来，转速一大，沙陀螺肯定会散架，因为沙子与沙子之间的结合力不足以维持向心力。要让沙陀螺不散架，就得拿胶水和在沙子里面。

如果把银河系想象成一个沙陀螺，那么万有引力就是胶水，这个胶水的强度决定了陀螺的最高转速。现在，我们已经观测到了银河系的转速，那么就能反算出总的引力大小，进而算出银河系的总质量。

寻找“嫌疑人”——WIMPs

面对“丢失质量”的问题，科学家们也不知道是怎么回事儿。他们只能做出假设：星系之中除了那些看得见的物质以外，还有大量看不见的物质，这些物质数量巨大，远超过我们所了解的那些普通物质。这种看不见摸不着，但又会产生引力的物质，被称为“暗物质”。

有一点需要说明：暗物质是有引力的，但是没有电磁相互作用，这就给探测暗物质带来了很大的难度——直接探测是不可能了，只能依赖间接观测。为此，科学家们提出了一种很合理的假设——可能有一种暗物质粒子，是具有弱相互作用的大质量粒子。这种粒子被命名为“WIMPs”，是暗物质的假想候选者之一。如果在宇宙中找到它，就意味着暗物质被找到了。

WIMPs（Weakly Interacting Massive Particles）是一种理论上存在的暗物质粒子，它们与普通物质之间的相互作用非常微弱，难以探测到。它的存在是为了解释宇宙学上的一些观测结果，比如星系旋转曲线、宇宙微波背景辐射和大尺度结构的形成等。

这只是一种假设，科学家们正在努力进行实验和观测，希望最终能够确认它们的存在。

提出假设只是科学探索的第一步，更重要的是找到WIMPs粒子存在的证据。怎么寻找证据呢？其中一个办法非常有趣，又非常“简单粗暴”，就是用大型强子对撞机去撞。高速粒子撞到一起会激发出巨大的能量，甚至可以模拟宇宙大爆炸的某些场景。能量足够高，那就一切皆有可能，谁也不知道会撞出什么粒子，说不定就撞出暗物质粒子了呢！

而第二种方法是守株待兔。要知道，太阳系绕着银河中心旋转一周需要 2.3 亿年。如果太阳系要维持这样的速度，周围

此图为大型强子对撞机的紧凑型介子螺线管（CMS）探测器（版权：Simon Waldherr）。自从撞出了希格斯玻色子以后，大型强子对撞机就一直没能找到什么更新鲜的粒子了

肯定包含大量暗物质，总量能达到惊人的 10^{11} 个太阳质量，而我们的地球就应该被大团大团的暗物质包围着。所以，我们只要等就好啦：暗物质粒子很有可能会撞上普通物质的原子核，如果这种碰撞发生了，我们的探测器就能发现！

但是，说起来容易做起来难。为了避免宇宙射线不必要的干扰，我们把探测器放到了深深的地下。但即便如此，研究者在地下“蹲”了好几年，也还是一无所获。

“经济实惠”的悟空号

别灰心！有没有第三种办法能探测到暗物质粒子呢？答案是：有！

按理论推测，两个暗物质粒子碰撞后，有可能会发生湮灭，产生正常的可见粒子，比如说撞出一对正负电子，或者是发出 γ 射线。因此，如果探测到这些可见粒子的产生，就可能倒推出暗物质的存在。

目前在空间轨道上运行的 α 磁谱仪和费米 γ 射线空间望远镜都是用此方法来探测暗物质的。这两个设备耗资之多令人咋舌。

而接下来隆重出场的，就是今天的主角——我国悟空号暗物质粒子探测卫星。与 α 磁谱仪和费米 γ 射线空间望远镜相比，悟空号非常“经济实惠”，只花费了 1 亿美元。2015 年 12 月

17日，悟空号卫星被发射到了太阳同步轨道上，这是中国发射的第一颗专业天文探测卫星。发射升空一周后，悟空号上搭载的仪器陆续开机，开始正常的探测工作。每当悟空号路过我国上空的时候，都会和地面联系，平均每天传回16GB的数据。

悟空号卫星并不大，也就是1.5米见方的一个“盒子”。但是悟空号探测器的专业能力强极了，它身上装了塑料闪阵列探测器、硅阵列探测器、BGO量能器和中子探测器，是现今全球观测能量段范围最宽、能量分辨率最优的暗物质粒子空间探测器。

看到这儿，你可能会想问：为什么α磁谱仪如此昂贵，悟空号却如此“便宜”，成本只有前者的二十分之一？差在哪儿了呢？

α磁谱仪花了多少钱？

α磁谱仪在建造过程中出现了意想不到的技术难题，整个计划的成本从预计的3 300万美元飙升到20亿美元。值得一提的是，这个探测器总质量达到了7.5吨，最沉重的部件是一块由中国制造的2.6吨的永磁体。中国在超强磁铁领域是非常领先的。为了保障其2 500瓦的耗电量，它被安装到了国际空间站上——只有国际空间站才能为α磁谱仪提供电能。

费米γ射线空间望远镜比α磁谱仪便宜一些，但也花费了近7亿美元。

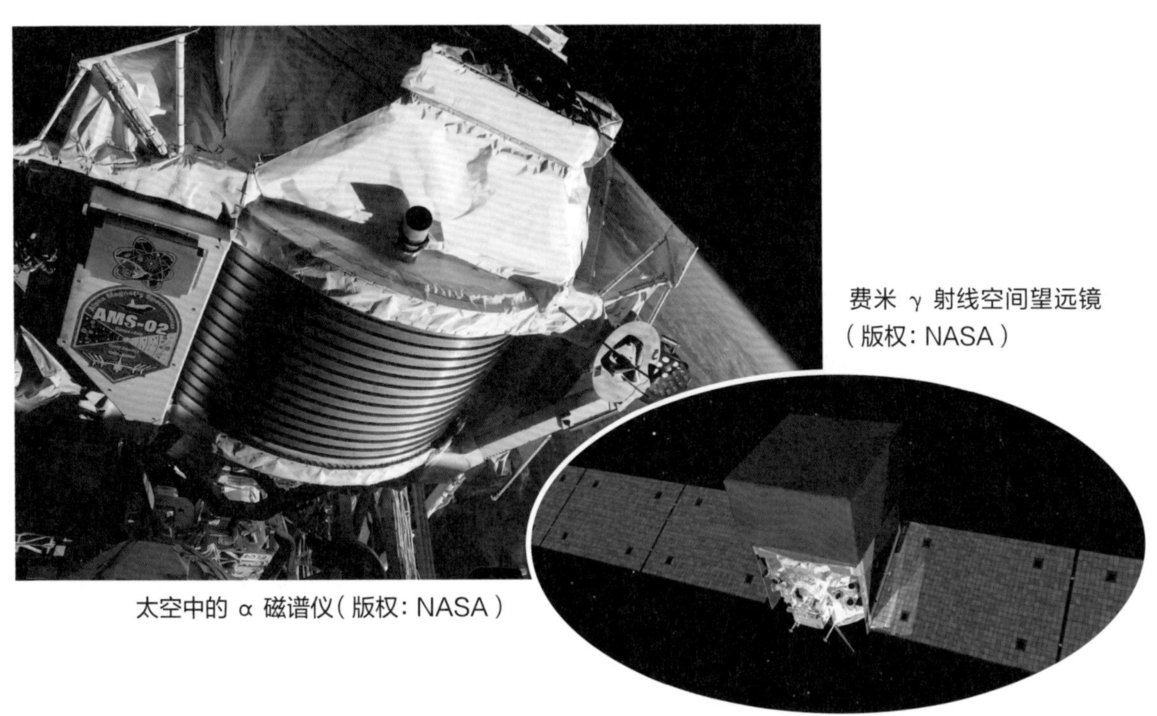

费米γ射线空间望远镜（版权：NASA）

太空中的α磁谱仪（版权：NASA）

正电子是电子的反粒子，与电子具有相同的质量但电荷相反。电子和正电子可以相互湮灭，释放出能量，这是它们反粒子性质的体现。在宇宙中，正电子通常是由高能粒子与物质相互作用产生的。

卫星越重，就需要更大的火箭，价钱就贵了不少，所以航天器的设计师总是在“为减轻一克而奋斗”。悟空号很轻，总质量才 1.8 吨。

要知道，α 磁谱仪携带着一块质量达 2.6 吨的永磁体，运输成本是极其高昂的。α 磁谱仪之所以要带着一个沉重的超强磁铁，是因为大磁铁有助于寻找正负电子。在寻找暗物质的过程中，正电子是非常重要的线索，因为理论上暗物质发出的正电子的数量是很多的。而如果只观测正电子，信号会干净很多，非常利于观察。要区分正负电子，磁谱仪是关键。正负电子带相反电荷，进入强磁场以后，拐弯的方向完全相反，这就很容易区分正反粒子了。

而悟空号之所以花费少，原因之一是它没有带一块很重的大磁铁上天。因此它是无法分辨正负电子的，数据也就不如磁谱仪提供的那么干净。不过也别为悟空号可惜，根据理论计算，太空中的电子比正电子多 10 倍，如果正电子突然多了一大截，那么我们在正负电子的总数据上还是能够看出异常的。

悟空号比较轻量、实惠的第二个原因，是它采用了一些有效区分粒子的新技术。要知道，想实现发现正负电子相撞的目的，需要剔除不必要的干扰。宇宙射线里的高能粒子数量最多的是质子，在 100G 电子伏特的区间，质子比电子要多 300 倍；在 1T 电子伏特的区间，质子要比电子多 800 倍。我们需要探测的是电子，质子就是不必要的干扰。要从海量的质子中分辨出电子，而且还不能认错，就必须练就一双火眼金睛。按照预计，误判的概率不能超过几万分之一，这个要求实在是太高了。

悟空号（版权：中国科学院国家天文台）

好在中国科学院紫金山天文台的常进研究员在 1998 年提出了一个利用各种探测器的综合信息有效区分质子和电子的办法。有了该技术的“加持”，不必采用昂贵的笨重仪器，只要分析数据就行了。正因如此，悟空号才可以用比较轻量化、实惠的手段来寻找暗物质存在的证据。

此图为常进研究员（版权：文汇报摄影记者袁婧）。通过数据分析区分质子、电子的技术成果被发表在《自然》杂志上，常进是第一作者

悟空号的惊喜“答卷”

在运行 530 天之后，悟空号拿出了第一批数据成果，这是一份非常让人惊喜的“答卷”。530 天里，悟空号一共采集了 28 亿例高能宇宙射线。基于这些数据，我国科学家获取了当时世界上精度最高的 T 电子伏特这个级别的电子宇宙射线探测结果。而且，悟空号比 α 磁谱仪和费米卫星的能量探测范围都要广，相当于拍照片能同时看清强烈的太阳和微弱的烛火，宽容度极高。这些都为研究暗物质提供了有利条件。

宇宙中各种能量的粒子都有，按照理论推算，它们的分布应该是一条比较平滑的曲线。但是悟空号探测器画出的曲线在 1T 电子伏特的能级范围内出现了一个“鼓包”，这个鼓包是不同寻常的，有可能来自暗物质粒子的互相湮灭。即使这些电子并不是暗物质发出的，也是一个意料之外的发现。究竟是什么机制能在 1T 电子伏特的能级上齐刷刷地多出这么多的电子？中子星有这个本事吗？还是黑洞搞的鬼？悟空号的发现提出了这些值得研究的课题。

我们在这里还要强调一个观念——对悟空号来讲，它最本质的工作是上太空去收集各种高能粒子的数据，观测 γ 射线的信号，我们不能仅仅把眼光盯在暗物质这一条线上，数据本身才是最宝贵的财富。

想一想

电子宇宙射线是指在宇宙中以极高速度运动的带电粒子所组成的射线。它可以在太阳耀斑、超新星爆炸、星际介质碰撞等天体现象中产生，并以接近光速的速度在宇宙中传播。根据能量的不同，电子宇宙射线可以分为低能电子宇宙射线、中等能量电子宇宙射线、高能电子宇宙射线。1T 电子伏特是以万亿（兆）为单位，属于高能电子宇宙射线的范畴。

请思考：研究高能电子宇宙射线对我们理解宇宙的演化有什么意义？

在 20 世纪初，有两大难题困扰着当时的物理学家，被称为“两朵乌云”，后来一朵发展出了相对论，另一朵发展出了量子力学。从此，“乌云”就成了物理学中未解之谜的代称。而神秘的暗物质是 21 世纪新的“两朵乌云”之一。尽管现在科学家们连这朵奇怪“乌云”的基本特性都搞不清楚，但要相信，在悟空号等一系列探测器的不懈努力下，终有“拨云见日”的一天。或许在“乌云”的背后，又一个崭新的物理时代在向我们招手……

γ 射线爆发（版权：Depositphotos/sakkmesterke）

一眼千星：郭守敬望远镜

你将了解：

- 经典恒星演化理论出现危机
- 郭守敬望远镜的技术突破
- 郭守敬望远镜的重要成果

恒星与黑洞绕着共同的质心旋转（艺术图）（版权：NASA）

恒星级黑洞的质量不能超过太阳质量25倍的理论在过去的观测中多次得到证实。人类已经找到的20多个恒星级黑洞的质量都在20倍太阳质量以内，完全符合理论的预言。

瑰丽的色彩、庞大的“气流”转动……这幅精彩的艺术图，呈现了宇宙中最为壮观的景观之一。

2019年，我国郭守敬望远镜（LAMOST）在双子座附近的天区发现了一颗特殊的恒星。光谱特征表明：这颗恒星和另一个看不见的黑洞组成了双星系统，它们绕着共同的质心旋转。科学家们兴奋地把这个黑洞命名为LB-1，意思就是LAMOST发现的第一个黑洞。

经过仔细测算，LB-1的质量竟然大约是太阳质量的70倍。这个质量一算出来，科学家们马上疑惑不已：这个黑洞的质量怎么会那么大？它远远超过了恒星级黑洞的质量上限！要知道，按照经典的恒星演化理论，恒星级黑洞的质量理论上不超过太阳质量的25倍。LB-1的出现，让教科书级的经典恒星演化理论出现了危机。

为此，国家天文台特地召开了一次级别非常高的新闻发布会，这在历史上并不多见……

黑洞研究的"圣杯"级发现

北京时间 2019 年 11 月 28 日上午 9：30，中国国家天文台的新闻发布会正在举行。讲台上的刘继峰研究员身穿深色西装，白衬衫上扎了一条大红色的领带，显得特别喜气。这场新闻发布会非常重要，台下坐满了重量级媒体的记者，《人民日报》、新华社、《光明日报》、中央广播电视总台、美联社、路透社、法新社等国内外数十家知名媒体的记者都到场了。

发布会开始后，刘继峰研究员非常自豪地说道："这次我们利用 LAMOST 的重大发现，摘取了该领域的'圣杯'。为此，美国引力波天文台的台长大卫·莱滋（David Reitze）先生，特地给我们发来贺信说，祝贺你们，这一非凡的成果将与过去四年里引力波天文台探测到双黑洞并合事件一起，推动黑洞天体物理研究的复兴。"

LAMOST 的发现能与 2016 年的那次轰动全世界的引力波事件相提并论，这并不足为奇，因为我们发现了一个超出人类现有认知的黑洞。我们完全可以自豪地说，这是中国天文学家为世界天文学贡献的一项"圣杯"级的发现，它极有可能彻底改写人类现有的恒星演化理论。而做出这一重大发现的功臣，就是本故事的主角，位于河北省兴隆县的郭守敬望远镜，即大天区面积多目标光纤光谱天文望远镜（LAMOST）。2010 年，它被正式冠名为"郭守敬望远镜"，名字来源于发明过多种观测仪器的元代天文学家郭守敬。

双黑洞并合的艺术图（版权：Depositphotos/Pike-28）

启示

LB-1 是现有的任何天文学理论都无法解释的一个异类。正因为这项发现如此重大，LAMOST 团队用了 3 年的时间反复验证数据，并且请求西班牙的 10.4 米口径加纳利望远镜和美国的 10 米口径凯克望远镜协助观测，才敢最终确定。刘继峰研究员说，他们给《自然》期刊投稿的时候，审稿人给他们提了很多问题。经过反复修改打磨，论文才最终得以发表。这启示我们：科学进步需要国际合作，我国的天文观测可以请求国际望远镜的

郭守敬望远镜（版权：Sheliak）

协助。另一方面，科学是非常严谨的，科学家需要对数据和分析方法进行仔细检查和验证，科学共同体也会对结论进行严格评估。

成果来之不易，但坚如磐石，这是中国天文学家对人类现代天文学做出的重大贡献之一。因为任何一个有可能推翻现有教科书级理论的发现，都有可能对人类的科学事业产生巨大的推动。

LB-1 仍是未解之谜

也许你会觉得“黑洞”已经是一个很古老的概念，天文学家们在宇宙中已经发现了很多很多黑洞。这完全是一种误解！

实际上，迄今为止人类在银河系中经观测确认的黑洞有二十多个。发现黑洞，准确地说，找到某个黑洞确凿的观测证据，即使在天文学如此发达的今天，依然是极为重大的发现，更不要说我们发现了一个超出现有人类认知的黑洞。

现在，LB-1 的难题摆在了天文学家们面前。直到今天，它依然还是一个未解的宇宙之谜。这是一个处于正在进行时的天文发现，我们可以一起期待天文学家们破解 LB-1 成因之谜的那一天。

“鱼和熊掌一口吞”

20 世纪 80 年代前，中国几乎没有自主知识产权的大型专业天文望远镜。建造我国自己的大型天文望远镜，一直是老一辈天文人的夙愿。

长期以来，在天文望远镜的设计领域中始终存在一对貌似无法兼得的性能，即大口径和大视场，它们就像鱼和熊掌。如果你熟悉摄影就会知道，越是像大炮一样的“打鸟”镜头，取景范围越小。那些超广角的镜头，反而可以做得很小巧。这就是大口径和大视场之间的矛盾，简略地说，就是“看得远”和“看得广”无法兼得。

在 20 世纪 90 年代，以王绶琯、苏定强院士为首的我国天文工程团队创造性地提出了一套“鱼和熊掌一口吞”的方案，也就是郭守敬望远镜（LAMOST）的建造方案，它瞄准的是国际天文界亟待解决的大口径与大视场的矛盾。

1997 年，LAMOST 方案通过审核并正式立项，这是我国首个天文大科学工程。

你一定很想知道，我国的望远镜研发团队是怎么破解这个难题的。解决方案的关键就是——光纤！LAMOST 的整体结构是一台施密特反射式望远镜。郭守敬望远镜有两块主镜，第一块叫 MA，是一个平面镜（不是凸面镜或凹面镜），就像人有一个直径约 6 米的瞳孔一样，能吸收光线；第二块叫 MB，是一个凹面镜，既然是凹面镜，肯定有焦点，它的焦面分布着多达 4 000 根光纤。这 4 000 根光纤就像人的视网膜一样，把来自不同方向的光线准确导入。正因为有了 4 000 根光纤，理论上我们最多可以同时观测 4 000 颗不同恒星的光谱，这就相当于获得了一个超级大的视场。因此，LAMOST 并不像传统的光学望远镜那样能拍出很漂亮的天体照片，它拍到的是天体的光谱。

这个原理讲起来容易，做起来那可难了。

首先，为了降低建造成本，LAMOST 的两块主镜分别由 24 块和 37 块六边形的小镜子拼接而成，像一个完整的向日葵花盘上，有许许多多小花。一旦望远镜要指向不同方向，这么

望远镜的口径和视场是两个重要的光学参数，它们分别决定了望远镜的观测能力和观测范围。口径越大，望远镜能够收集的光线就越多，分辨率和亮度也会更高。视场则指望远镜能够观测到的区域大小。视场越大，望远镜能够看到的天体数量就越多。

LAMOST 的主镜 1（MA）大小为 5.72 米 ×4.40 米，由 24 块厚度为 25 毫米的六角形平面子镜组成；主镜 2（MB）大小为 6.67 米 ×6.05 米，由 37 块厚度为 75 毫米的六角形球面子镜组成。

中国的科研团队在主动光学技术上的创新，使得 LAMOST 项目的完成成为可能。

多块六边形的小镜子都要一起调整位置，像向日葵追赶太阳一样。那么，这么多块小镜子，如何“整齐划一”地“扭头”呢？研发团队在每一块镜片的后面安装了促动器。这些促动器可以调整镜面的形状，通过计算机的算法来实现千分之一毫米级的实时调整。

让 4 000 根光纤中的每一根都能精确地对准一个天体，也是一项极其困难的工程难题。为了解决这一难题，LAMOST 将直径 1.75 米的焦面分成 4 000 个直径 33 毫米的小圆，在每个小圆上放置一个可旋转的光纤定位单元，每个单元对应一根光纤。然后，运用计算机进行精确控制，让这 4 000 根光纤可以在数分钟内实现精确定位。

硬件解决了，软件也同样重要。天体的光线要经过大气层、望远镜、光纤等介质，中间还混杂着杂散光的干扰才最终形成原始光谱。这些混沌复杂的原始数据没办法直接拿来用，需要“净化”和“翻译”，也就是需要一套复杂的算法进行数据处理。这套由我国科学家团队自主研发的软件从 2004 年起就一直没有停止过版本的迭代，经历了 3 000 多次更新，累积了 8 万多行代码，多少名程序员“熬秃了头发”，终于保证 LAMOST 的数据精度处于国际先进水平。

直径 1.75 米的焦面上有 4 000 根密集的光纤（版权：LAMOST）

光纤定位单元（版权：LAMOST）

经过五年的建设，LAMOST 在 2009 年 6 月顺利通过验收，进入工作模式。此图为郭守敬望远镜与银河（版权：LAMOST）

千万量级光谱巡天

在许多人的印象中，天文学家是坐在天文望远镜前观测天空的。如果你这么想，可真是 OUT 了。现代天文学家一般都是先用望远镜收集天体的图片和其他数据，再利用这些资料去分析天体的信息。LAMOST 捕捉的是天体在可见光波段的光谱。光谱犹如人的指纹，各不相同。恒星中包含不同的元素，发出的光具有独特的光谱。更重要的是，天体的运动也会改变自身的光谱特征。

光谱就像恒星的身份证！天文学家只要能得到星体的光谱，就能通过光谱分析出这个天体的物质构成、运动速度、距离远近等众多性质。

2019 年 3 月，LAMOST7 年巡天光谱数据正式发布，里面包含了 1 125 万条光谱，约是国际上其他巡天项目发布光谱数之和的 2 倍。至此，郭守敬望远镜巡天成为世界上第一个获取光谱数突破千万量级的光谱巡天项目。这些光谱数据可以说是当今世界上天区覆盖最完备、巡天体积和采样密度最大、统计一致性最好、样本数量最多的天文数据集。国内外有上百所科研单位和大学正在利用这些数据开展研究工作。

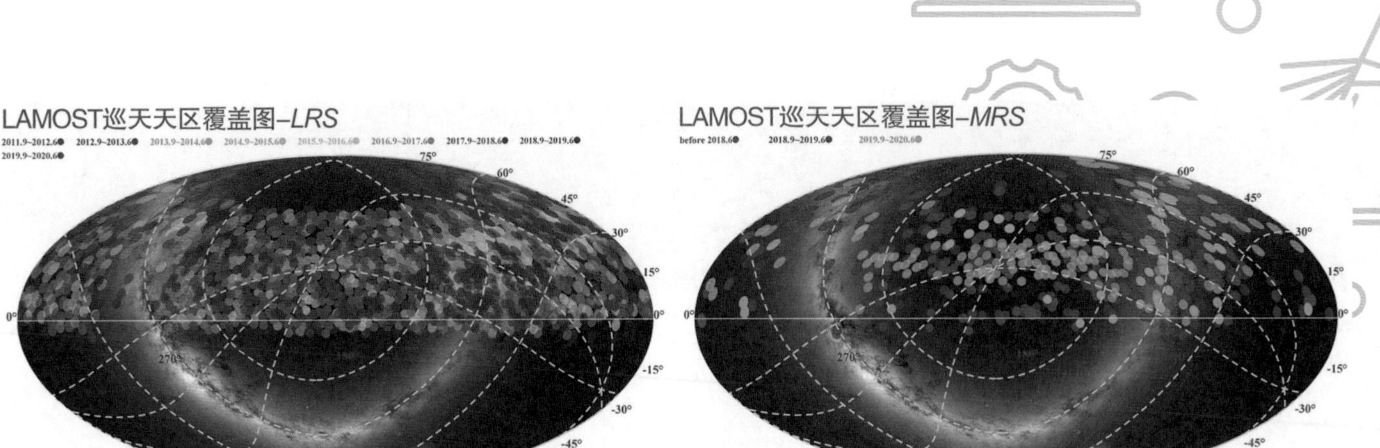

郭守敬望远镜的“巡天足迹”（版权：LAMOST）

作为我国的巡天利器，LAMOST 还在银河系结构与演化、恒星物理研究、特殊天体搜寻等前沿领域中取得了一系列研究成果。

> 你发现了吗？天文发现中的“异类”都非常珍贵！因为它们有可能拓宽人类认知的边界。

2019 年 4 月，LAMOST 发现了一颗重元素含量超高的恒星，这颗与众不同的恒星成功引起了天文学家的兴趣。这颗“异类”到底是怎么回事？为了搞清真相，我国天文学家与日本国立天文台的天文学家合作，发现这颗重元素“超标”的异类恒星来自矮星系而非银河系，它成了银河系并合矮星系事件的确凿证据！

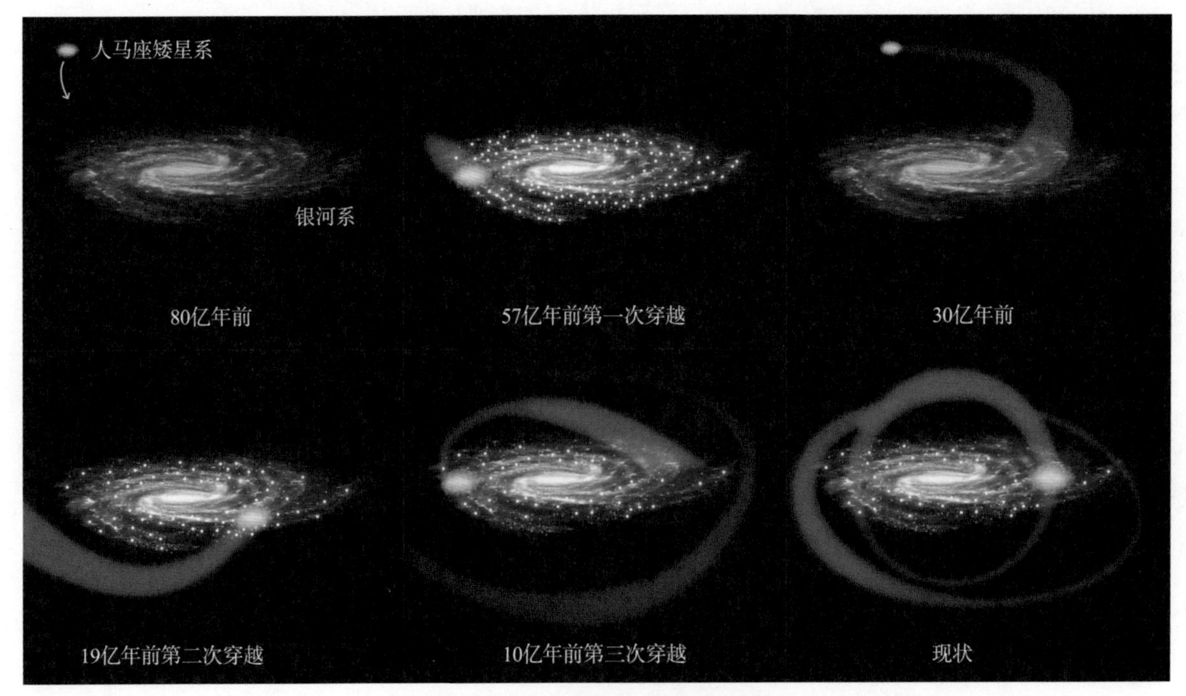

银河系并合矮星系的过程（版权：ESA）

在银河系科学与恒星科学方面，LAMOST 是世界上能力最强、成果最丰硕的望远镜之一。但这些成就仅仅是它传奇的开始。我国将启动郭守敬望远镜二期工程，并将 LAMOST 望远镜搬至地理环境更优越的青海省冷湖镇。按照二期工程的计划，郭守敬望远镜的口径将从 4.9 米增大至 8.4 米，光纤数从 4 000 根增大至 12 000 根，巡天规模将从千万级光谱增大至亿级光谱，成为为宇宙“画像”的超级望远镜。不出意外，二期 LAMOST 的观测数据会再次刷新人类对宇宙的认知。

在古代，我们拥有全世界最好的观星台和全世界最敬业的天文记录者，这成就了我国古代天文学的辉煌。但是进入近现代后，中国的天文事业曾明显落后于西方发达国家。不过最近十多年来，我国的天文事业再次腾飞，一个个观天神器拔地而起，LAMOST 只是它们中的一员。神州大地上一个又一个观天神器正在落成，世界天文学的中心正在从西方走向东方。时代转换的大幕正在缓缓拉开，中国的天文学新时代即将来临……

冷湖（版权：Depositphotos/Wirestock）

新“皇”登基：中国天眼

你将了解：

- FAST 的独特设计
- FAST 工程实施中面临的钢索难题
- FAST 的科学成果

快速射电暴的艺术图（版权：ESO/M. Kornmesser）

一道强烈的射电信号穿过宇宙，像一道划过夜空的闪电，明确而突兀地来到位于银河系的地球——别误会，真正的快速射电暴不会被“看见”，它是一种强烈的射电信号突发事件，可能只有几毫秒，出现得极不规律，人们无法预知。

2021 年春天，我国李柯伽教授的团队利用 500 米口径球面射电望远镜（FAST）的大口径优势，针对快速射电暴源 FRB 20201124A 持续观察后，有了一些不一样的发现：它周围的磁场强度和密度会持续发生明显变化。他们猜测：这个快速射电暴有可能产生于一个天文单位大小（地球到太阳的距离）的双星系统内。这个双星系统由一颗磁陀星（磁场特别强的中子星）和一颗被磁场包裹的 Be 星组成。磁陀星运动会影响 Be 星周围的磁场，当磁陀星恰好处于 Be 星和观察者之间时，射电辐射就会产生偏振。

这是自 2007 年发现快速射电暴以来，人类首次对快速射电暴的起源进行解释，意义非常重大。我们知道了：至少一部分快速射电暴起源于类似的双星系统。而著名的 FAST 还有哪些重大发现？它又有哪些有趣的故事呢？让我们一探究竟。

快速射电暴（Fast Radio Burst，FRB）是一种极为短暂、极其强烈的射电信号，通常持续时间仅有几毫秒，使得 FRB 非常难以探测和研究。尽管 FRB 持续时间极短，但它们释放的能量非常庞大。一些 FRB 信号的能量相当于太阳在一个月内释放的能量。这些信号的来源目前尚不清楚，但被认为来自宇宙中非常遥远的地方。

会转“眼珠”的中国天眼

2002 年的一天下午，北京中国科学院国家天文台的一间办公室里，几位重量级教授围着会议桌讨论着什么。桌上凌乱地叠放着一堆照片，照片中是当时世界上最大的射电望远镜——阿雷西博射电望远镜各个角度的样子。

会议桌一角的任革学教授盯着一张馈源舱特写照片看了许久。馈源舱是射电望远镜的核心设备，一般固定在望远镜的正上方，收集来自望远镜反射面板聚集的宇宙信号。

他拿起这张照片，递给 500 米口径球面射电望远镜项目总工程师南仁东教授，说：“阿雷西博的反射面板是完全固定的球面，因为球面和抛物面具有相似性原理，球面可以近似地代替抛物面进行粗略观察。通过球面反射的信号，再由位于球面焦点处的格里高利三镜反射馈源舱采集信号，最终实现对远方目标的精确观察。这么复杂的馈源舱再加上不锈钢外壳，足足有 900 吨。如果 FAST 也采用同样的设计方案，这个馈源舱估计将近万吨，也没法直接安装在超过 500 米跨度的横梁上。”

此图为阿雷西博射电望远镜的馈源舱（版权：Depositphotos/alexusha2008）。格里高利三镜反射馈源舱用于接收反射面上反射回来的微波信号。它由三个镜面构成，分别是一个凸面镜和两个凹面镜，形成了一个光学系统。这个系统能够增强信号的强度，并且可以进行方向选择，只接收从特定方向传来的信号。这使得阿雷西博射电望远镜可以对微弱的射电信号进行高效率的接收和处理

南仁东教授沉思了一下说：“我们可能要打破这个传统，用一种从来没有过的全新望远镜设计概念来建造FAST。”接着，他举起了手中的照片说：“阿雷西博的馈源舱就是一个固定的电视机天线，只能调整指向。这个设计太传统了，不适合FAST这样的超大口径望远镜。我们要把FAST变成眼睛，减小馈源舱的质量，让它能像眼珠子一样动起来。”

站在一旁的研究员朱文白张大了嘴说：“老爷子，建造500米口径的一个‘大锅’就已经非常困难了，现在还要把馈源舱变成像眼珠子一样转起来，是不是还要让‘大锅’保持变形运动才能把信号聚焦到馈源舱上？这个想法听上去有点科幻啊！”

老南喝了口水说：“我们不光要让FAST变形，而且精度还要控制在毫米级，也就是变形误差不能超过指甲盖的厚度。”

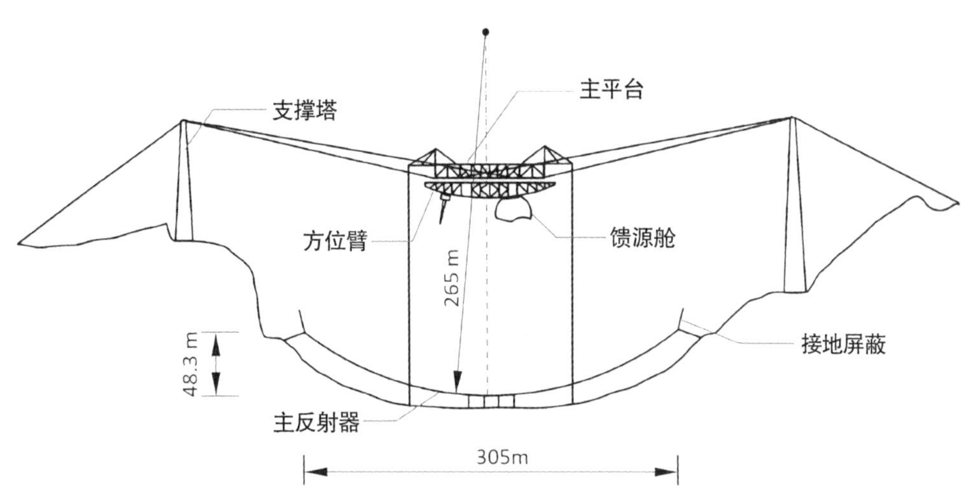

阿雷西博望远镜设计图（版权：Andrzej Kulowski）

启示

这个设想完全超出了当时所有人的认知，大家都觉得这个设计简直是天方夜谭，能够按此要求建造出来的可能性极低。但是，正因为这个奇妙的设计方案，才让我国打破传统望远镜百米口径的工程极限，让世界最大口径射电望远镜——FAST——拥有了“中国天眼”的称号。这启示我们：科学家需要有勇气和创新精神，打破传统思维，尝试新的想法和方法，才能推动科学不断向前发展。

在学习和生活中也要勇于创新，多尝试新方法哦！

让“大锅”动起来!

时间拨回 1993 年的京都，当时包括中国在内的十国射电天文学家在国际无线电科学联盟（URSI）大会上，联合发起了建造新一代大型射电望远镜的倡议，希望在地球电磁波环境被破坏前，在世界范围内建造新一代大型射电望远镜。大会形成了两种观点：一种是建设一堆小口径阵列望远镜，另一种是中国建议的建设大型单口径望远镜。不过，其他国家都认为大型单口径射电望远镜风险较大，而且可供建设的区域十分有限，并没有采纳这种方案。

不过，南仁东等天文学家并不这么看。中国幅员辽阔，地形地貌众多，从高原到盆地，从沙漠到丘陵，符合大型射电望远镜建设要求的区域不少。将来，我们完全有可能建设多个大口径望远镜，然后将它们组成更强大的望远镜阵列。然而，这在当时只是一个宏伟的设想。

两年后，中国科学院国家天文台联合国内 20 多家大学和研究机构成立了大型射电望远镜 LT 中国推进委员会，制定中国阵列望远镜先导方案。委员会提出先造出第一座大型望远镜的第一步“小目标”——口径就定在 500 米。

1993 年我国最大的射电望远镜是位于上海佘山和乌鲁木齐的 25 米口径望远镜，这个口径连阿雷西博射电望远镜的十分之一都不到。此图为乌鲁木齐 25 米口径射电望远镜［版权：中国科学院新疆天文台（XAO）］

这个第一步，已经大幅超越当时世界第一的阿雷西博射电望远镜，这个“小目标”已经不能用大胆和前卫来形容了。

项目的首要问题是选定台址，大型天文望远镜的建设不是随便找一个地方就能搭起来的。首先，要地处偏远，人烟稀少，这样可以避开人类产生的无线电波的干扰；其次，要依地而建，最好是四面高起的洼地，最大限度降低工程建设的难度，还能有效屏蔽外界电磁波的干扰；另外，最佳的建设地形应该是不易于积水的地貌区域。

经过 1994 年和 2002 年两轮勘察选址，2006 年贵州平塘“大窝凼”被正式选定为中国天眼的台址。在选址的同时，项目组又遇到了新的问题：反射面怎样运动才能最大限度降低馈源舱质量，让馈源舱“减负”？世界上还没有一个望远镜这么设计过。

通过仔细分析望远镜原理，中国科学家们创造性地决定让“大锅”动起来！什么意思呢？就是让 FAST 的反射面能运动，在必要的时刻变形，把信号准确地聚焦到馈源舱上。

为了实现这个非同寻常的目标，反射面板一改传统设计，改为边长为 10.4 米至 12.4 米不等的 4 450 块铝制反射面单元，这些单元拼接在 6 670 根钢索网之上，通过钢索网下方的促动器拖动控制钢索网变位，形成抛物面。这样一来，馈源舱的质量可以降到 30 吨左右。馈源舱飞到哪里，下方的反射面单元相应地变成 300 米口径的抛物面，其他地方同时还原成球面。

天文学家们还为此做了 20 米、50 米等不同尺寸的实验原型望远镜进行预研和验证，证明这个方案完全可行。

平塘县，位于贵州省黔南布依苗族自治州南部。凭借独特的喀斯特地貌洼地地形和优良的无线电环境，FAST 成功落户于平塘县克度镇大窝凼（版权：Depositphotos）

“要命”的钢索

经过多年努力，FAST 项目终于在 2007 年 7 月得到国家发展和改革委员会批复立项，并于 2011 年 3 月开始在台址上进行相关的土建工程，准备挖出一个深深的“眼窝”。

项目有序进展，所有人都干劲十足，但就在这时，南仁东带领的研究团队在中国天眼主动反射面设计方案上遇到了前所未有的难题，几乎让项目功亏一篑。

问题出在主动反射面的钢索网部分。根据馈源舱在钢索网上照射位置的不同，钢索网被拉扯最厉害的部分需要被拉伸 47 厘米的距离。团队内的研究员姜鹏尝试了国内外十余根顶级强度的钢索，结果都是没几下就断了，没有一根能满足中国天眼使用要求。

这个突如其来的情况让项目组措手不及。当时台址工地的挖掘工作正如火如荼地进行着，如果不能及时找出解决方案，整个项目就要面临搁浅。

不过，当务之急还是需要搞清楚 FAST 到底需要怎样的钢索应力和疲劳度性能。

带着这些问题，姜鹏首先对中国天眼未来 30 年的运动轨迹进行了模拟分析。一个月的轨迹基本上还能看出是线条，等到一年之后轨迹就已经是一个黑团了。有了这些轨迹数据就能进行大规模力学仿真，对每一根钢索在未来 30 年里所承受的拉力变化范围和拉伸次数都有了精确分析。

FAST 施工现场（来源：Depositphotos）

不过，分析结果反而让姜鹏更加愁眉不展。大约有 30% 的钢索会受到超过 300 兆帕的拉力，这相当于在你的指甲盖区域压上两辆小轿车的重力；而有些钢索甚至需要承受 445 兆帕的拉力，普通钢索很难长时间反复承受这样的拉力。

这些钢索就如同中国天眼的眼部“肌肉”，为了使这些“肌肉”能够在 30 年甚至 50 年内保持正常工作，天眼团队给每一条“肌肉”设置了一个超高的安全标准，即能够承受 500 兆帕的拉力和 200 万次的拉伸。这个疲劳强度可是传统钢索标准的两倍还多，也就是说世界上没有现成的钢索能够使用。

为了解决钢索难题，国家天文台联合了多家企业和高校进行研制，同时进行了有史以来最大规模且最系统化的一次钢索疲劳度试验。

不光如此，这些钢索还要求有毫米级的成型精度。即使每根钢索的加工精度只差了 1 毫米，到钢索网边缘就要差 60 多毫米，所以任何一根钢索的加工精度出现偏差，整个项目就会有失败的风险。

为了控制生产过程中的精度误差，项目组为这些钢索建立了恒温房，减少每一根钢索在加工过程中受到环境温度变化的影响。不仅如此，每一根钢索在加工过程中都要进行实时录像建档，方便日后追查和修正问题，可谓是史上最严苛的质量保障流程了。

在历经两年多的时间和数不清的失败之后，相关企业终于生产出第一根适用于中国天眼建设的钢索。

破解钢索难题的突破性进展，让 FAST“眼窝”得以在 2014 年开始支起负责承重的骨架，并在 2015 年 8 月 2 日开始实施第一块“视网膜”反射面板的拼装工作。

正是由于工程师们这种孜孜不倦的精神，才能成功研制出如此特殊的钢索材料，为中国天眼的建设奠定了扎实的基础。

除了中国天眼工程外，这种高抗疲劳度的钢索也成功应用在之后的重大项目中，如港珠澳大桥、京沪高铁、南水北调工程等。

想一想

FAST 的前期实验没有发现这个重大问题，是因为原型望远镜的抛物面口径没有达到 300 米，钢索被拉伸的距离没那么长，应力也没那么大，导致这个问题完全被忽视了。请思考：在以后的工程建设中，怎样才能避免同类问题再次发生？

中国天眼启动

在经过 5 年多的建设后，FAST 终于在 2016 年 9 月 25 日那天迎来了第一批观众。他们围站在四周的观景台上，齐刷刷地注视着锅底中心的馈源舱。此时，趴在锅沿的一缕阳光像一片金灿灿的黄油，顺着大锅慢慢滑入锅底，馈源舱随即缓缓升起。而大锅似乎被注入了生命，随之舞动开来，像一只巨大的眼眸，望向深邃的宇宙。此时，四周掌声雷鸣，很多人的眼中闪现着激动的泪花。

2021 年 4 月 1 日，FAST 正式宣布向国际科学界开放，天眼不应该只属于中国，它更应该属于全人类。正如南仁东教授所说的那样：“人类之所以能脱颖而出，是因为有一种对未知的探索精神。”且这种探索精神应该是无国界的。

这口“大锅”正式落成，标志着中国天眼的使命正式开始，它的征程才刚刚起步。

从 2017 年 8 月开始，FAST 正式启动了“多科学目标同时扫描巡天计划”，简称 CRAFTS 项目。在对 2017 年 8 月 22 日采集的数据进行分析研究时，发现在一段 52.4 秒漂移扫描的数据中包含了一颗评分极高的候选脉冲星（PSR J1859-01），脉冲周期为 1.832 秒，距离地球 1.6 万光年。项目组随即向第三方天文望远镜请求第二次确认观测。

清晨时分的中国天眼（版权：Depositphotos）

2017 年 9 月 10 日，澳大利亚帕克斯望远镜对同一片天空进行了跟踪观测，获得了同样周期和离散度的微波信号，从而确认了第一颗被 FAST 发现的脉冲星。不过，从两台望远镜收集到的信号量来看，帕克斯需要“瞩目凝望”2 100 秒才能抵上 FAST“浮光掠影”所能看到的信息量。

从正式运行到 2021 年，FAST 发现的脉冲星数量已超过 500 颗，比同一时期国际上其他望远镜发现脉冲星数量总和的 4 倍还多，甚至超越了美国阿雷西博射电望远镜 15 年的搜索总和，得到了国际同行的高度认可。

脉冲星是一种旋转极快的中子星，它们通常会以非常规律的时间间隔向我们发射能量强度非常高的脉冲辐射。

脉冲周期是指脉冲星发射脉冲辐射的时间间隔，也就是从一个脉冲到下一个脉冲所需要的时间。这个时间通常用单位秒来表示，脉冲周期的长度短的有几毫秒，长的有几秒钟。

当之无愧的荣誉

南仁东教授离开 FAST 项目后，姜鹏接替了他的工作，成为 FAST 项目的总工程师。早在 2009 年，时年 31 岁的姜鹏刚刚博士毕业，就来到贵州省平塘县。当时正是中国天眼建设初期，科研人员使用的是地表水，住的是没有空调的活动板房。除了克服生活上的艰苦，还要面临很多无法想象的技术难关。姜鹏接到的第一个任务就是负责索网工程，无任何经验可循。经历了反复测试和近百次失败后，姜鹏带领团队成员终于研制出超高耐疲劳钢索，成功支撑起天眼的“视网膜”。

因为在 FAST 项目中的杰出贡献，他于 2022 年 9 月 15 日荣获了腾讯基金会的“科学探索奖”。这个奖项只面向基础科学和前沿技术的十个领域，每年只有不到 50 人能获此殊荣，姜鹏当之无愧。

这是一段让人感慨万千的历史：我国天文学家在没有任何经验可以借鉴的情况下，设计了一座既雄伟又特殊的望远镜。恐怕也只有中国才能完成这个看似天方夜谭式的庞然大物，可以说这是世界建筑史上的奇迹。FAST 是中国几代天文人努力的成果，其间留下了南仁东、姜鹏等许多科学家和工程师的名字。在未来，一定会有更多有志青年投身于我国的天文事业，为人类继续探索未知而浩瀚的宇宙。这当中，会有你吗？

助力破解宇宙线起源“世纪之谜”：拉索

你将了解：

- 太空中的宇宙线
- 拉索的选址与工作原理
- 拉索关于宇宙线起源的探索

一朵在 1054 年诞生的奇特星云——蟹状星云（版权：ESO）

茫茫的宇宙深处，有这样一片美丽而少见的景观，像一团绚丽的云朵，呈现出蓝宝石一样迷人的色彩和复杂的弯曲结构。一次壮烈的超新星爆炸，让一颗恒星在激烈的核聚变中死去，留下了这样一朵美丽的“云彩”。

一千年前，我国宋朝的天文官发现了这颗超新星，留下了最精确、最翔实的天文记录；一千年后，我国高海拔宇宙线观测站（拉索）又恰巧发现了来自蟹状星云中的高能粒子——γ 光子，开启了宇宙线观测的超高能 γ 光子天文学时代。跨越千年，沧海桑田，恒星变成了星云，不变的是这些发现都领先世界，发现者都是中国人。

这精彩的故事到底是怎么回事？我们回到历史现场，一探究竟……

γ 光子是一种电磁波，属于电磁辐射中波长最短、频率最高的一类，也是一种高能量的光子。γ 光子由原子核的跃迁、粒子撞击和其他高能过程产生。在核反应、放射性衰变和宇宙射线碰撞等过程中，会释放出高能量的 γ 光子。

跨越千年的观测

公元1054年7月4日（宋代至和元年五月己丑），凌晨四点左右，地平线泛着些许微黄的光芒。天快亮了，一阵凉爽的仲夏夜风吹过，一位负责观测天象的官员不自觉地打了个哈欠。正当天文官们准备结束一整夜的天象观测，收拾东西下班之时，天关星（金牛座 ζ 星）的附近突然出现了奇怪的光芒，一颗极其明亮的光点冒了出来，如同划破寂静夜空的惊雷一般把司天监官员的困意消散得一干二净。

当年宋朝人发现的这颗客星史称“天关客星”，现在被我们称为“超新星”，指的是那种在演化末期发生剧烈爆炸的恒星。

“是客星！非其常有、偶见于天的客星！”负责巡天观测的天文官马上敏锐地意识到，这很有可能是颗百年难遇的客星，就是那种在空中出现一段时间后消失、如同做客一般的星星。这颗客星非同一般，在接下来的23天中，它光芒四射，亮度可比金星，甚至在白天也可见，在夜空中可见的时间更是长达643天。

时间来到近千年后……

2020年，当年的客星经过千年演化已经变成了蟹状星云——一片非常明亮的高能辐射源。在四川省稻城县，海拔达到4 410米、空气稀薄、人迹罕至的海子山上，有一个面积达到1.36平方千米的圆盘，它是我国国家重大科技基础设施——高海拔宇宙线观测站（LHAASO，Large High Altitude Air Shower Observatory），简称“拉索”。4月初的一天，拉索对准了宋朝天文官观测的同一片星空。接着，当中国科学院高能物理研究所的副研究员王玲玉像往常一样仔细地检查着拉索收到的数据时，她很快有了不寻常的发现。

拉索鸟瞰图（版权：中国科学院高能物理研究所）

异常的信号预示着蟹状星云方向上有位“超级游侠”：曾经有一颗超高能粒子经过6 500年的飞行以光速撞向地球，与大气分子发生了多次碰撞，能量之高、程度之稀有皆前所未有。经过反复检查，她调整了下呼吸，兴奋地转过身对同事们说：“拉索好像发现了超高能 γ 光子，这可能会是个关于宇宙线的震惊世界的发现！”

启示

在宋朝同期的欧洲，天文学家们在中世纪的宗教管制下基本没有留下什么重要的文献，而宋朝的天文和历史学家们则留下了精确、翔实、完整、精美的天文记录，为现代天文学研究超新星提供了重要依据。我国古代的天文观测记录曾经长期在全球领先。这启示我们：无论何时，仔细、系统地记录观测数据都是非常重要的。哪怕在当时看似不重要的记录，也可能在将来成为后人宝贵的参考。同时，天文科学的发展是一个长期的过程，同一天文现象的时间尺度可能非常长，这要求天文学家们要有长期积累和坚持不懈的探索精神。

相信吗？你正处于“枪林弹雨”中！

如果有一天，当你起床睁开双眼，发现房间正在被机枪扫射，子弹横飞，你还会淡定地揉揉你那睡意蒙眬的眼睛，然后迷迷糊糊地找裤子和袜子吗？显然不可能。在生与死的抉择面前，到底是光着身子还是穿着衣服出门恐怕已经不重要了。如果我说，这样的事情每天都发生在我们身边，请你一定不要惊讶。事实上，地球和这个房间差不多，也处于一片枪林弹雨之中：来自遥远外太空四面八方的各种高能粒子，无时无刻不在像子弹一样以接近光速的速度轰击着地球。

来自宇宙的“枪弹”：一颗耀眼星体向地球发来一束宇宙线的艺术假想图（版权：NASA）

这些来自外太空的高能粒子称为“宇宙线”，它有两个非常明显的特征：一是能量特别高，二是绝大多数都是带电粒子（只有占比非常小的 γ 射线和中微子不带电）。

仔细想一想，是不是有点害怕？宇宙线的能量高，还带电，身处地球的我们岂不是很危险?！事实上，我们生活的地方还是很安全的。一方面，能量达到 10^{20} 电子伏特的宇宙线粒子占比非常小，平均算下来一个人一辈子也遇不到一次。能量越高的宇宙线，粒子越稀少，大多数粒子的能量要低得多。另一方面，地球的大气层和磁场起到了保护作用，大气层就像“防弹衣”：宇宙线高能粒子会与大气分子发生相互作用，产生能量较小的次级粒子，就像大雨滴变成小雨滴一样，威力大幅减弱；而磁场就像“干扰器”，大部分宇宙线高能粒子是带电的，会因为地球磁场的作用而改变方向，向地球的两极偏转，威力显然不如直射地表、长驱直入那般厉害。

“额滴神”粒子

少数来自太空的粒子的能量可以达到 10^{20} 电子伏特。相比之下，室温下空气分子的能量只有 0.04 电子伏特。

1991 年，人们在美国犹他州的上空发现了一颗能量如此之高的粒子，它可能是颗质子，速度几乎等同于光速，达到光速的 0.999 999 999 999 999 999 999 995 1 倍，动能达到了 3×10^{20} 电子伏特。小小的单个粒子中所蕴含的能量竟然相当于一颗时速 100 千米的棒球。因此这个粒子也被戏称为“Oh-My-God particle”（“额滴神”粒子）。

含金量满满的“粒子阵雨”

自从 20 世纪宇宙线被发现后，一百多年间人们对宇宙线的研究取得了大量成果，共诞生了 5 个诺贝尔奖。尽管如此，人类对宇宙线的认识还远远没有到“熟悉”的程度。直到今天，在这些宇宙“超级游侠”从何而来、如何形成的问题上还有大片知识盲区，被天文学家称为宇宙线的“世纪之谜”。

其中一个重要原因在于，超过 99% 的宇宙线的组成是氢原子核、氦原子核、重元素原子核、电子等带电粒子。这些带电粒子太狡猾了，不沿直线传播——因为宇宙中到处有磁场，会影响带电粒子的行进方向，像搅拌机一样让带电粒子像“没头的苍蝇”一般到处乱撞。大部分宇宙线粒子到达地球时，早已经严重偏离了原来的方向，让人无法判断它们的来源。

还好，宇宙线中还有不到 1% 是不带电的中性粒子（比如 γ 射线），它们不会在磁场中发生偏转。因此，观测高能 γ 射线是研究宇宙线起源的重要切入点，而且能量越高越好。通过研究 γ 射线的辐射机制和方向来源，就能确定其对应的天体，分析判断宇宙线的起源方位。

那如何探测高能 γ 射线呢？主要有两种方法。你能分析一下两种方式各有哪些利弊吗？

方法一：直接测量

方式：由航天器或高空气球把探测器送到大气层外。

特点：一来探测器不能太重太大；二来高能粒子占比较低，不能获取足量的数据，只能工作在能量相对较低的能区。

方法二：间接测量

方式：在地面上建造大型的探测阵列。

特点：无须放置高空探测器，通过地面大型阵列接收 γ 光子，再分析这些“粒子阵雨”的特征，就能挖掘出它们刚进入大气时的特性。

此图为 γ 射线暴的艺术图（版权：NASA/Swift/Aurore Simonnet）。星系中密集的尘埃会使 γ 射线暴的光线变暗，尘埃会吸收大部分甚至全部的可见光，但不能吸收高能 X 射线和 γ 射线。γ 射线暴是宇宙中最大的爆炸，地面望远镜可以轻松地在数十亿光年之外探测到它

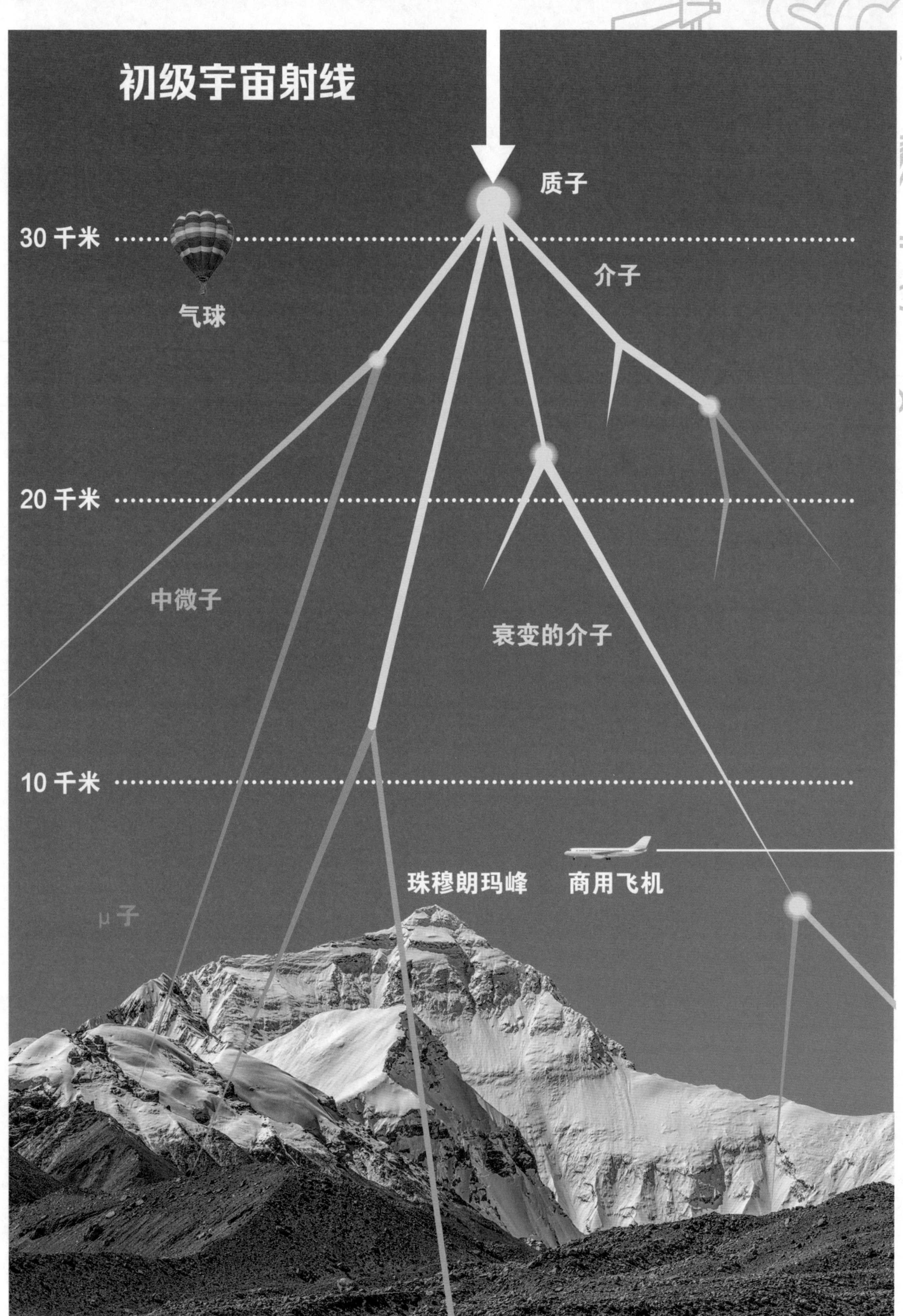

此图为 γ 光子大气簇射（版权：NASA）。高能 γ 光子进入大气层后，会发生大气簇射，与空气分子发生相互作用并产生很多次级粒子，这些次级粒子会继续与空气分子相互作用产生三级粒子，最终产生包括电子、正电子、低能光子等众多的粒子，形成“粒子阵雨”。这些“粒子阵雨”是分析 γ 光子的良好材料

站在“世界屋脊”上的拉索

早在 2008 年，我国的科学家就提出了建造新一代宇宙线观测站的计划，2015 年获批立项，也就是本故事的主角——高海拔宇宙线观测站（拉索）。拉索的位置选在了具有“世界屋脊”之称的青藏高原的东南边缘。

可能你会问，为什么要选在这里？原因有很多：这里海拔 4 410 米，空气稀薄，大气的吸收作用相对较少，可以对次级粒子进行更好的探测；地势平坦，水资源丰富，可以提供大量探测所需的超纯净水；交通方便，与稻城亚丁机场距离只有 10 千米，与成都、昆明等大城市距离也不远，有利于各类物资的输送；此外，当地政府在各方面也给予了相当力度的支持。

确定选址后，拉索的主体工程就在 2017 年 6 月启动了，于 2021 年全部建成。拉索主要由三部分组成：5 195 个电磁粒子探测器、1 188 个缪子探测器组成的地面簇射粒子阵列，7.8 万平方米水切伦科夫探测器阵列，以及 18 台广角切伦科夫望远镜阵列。这么多“神器”综合运用，可以全方位、多变量地探测宇宙线。

要知道，超高能 γ 光子的探测难度非常高，每年每平方千米上的探测器只能从最亮的地方收到一两个，而且这一两个光子还通常淹没在几十万个宇宙线信号之中，如同大海里捞针。

然而，拉索有两大制胜法宝：一是巨大的探测面积，达到 1.3 平方千米，是羊八井宇宙线观测站的 20 倍，更是美国同类型观测站 HAWC 的 60 倍；二是火眼金睛一般的鉴别能力，1 188 个位于地下的 36 平方米缪子探测器专门用于挑选 γ 光子，它的“火眼金睛”具有万里挑一的能力。

甘孜州稻城县海子山，海拔 4 410 米，拉索即建于此（版权：Zhangzhugang）

更厉害的地方是，拉索一边建设一边运行，全部工程尚未完工之时，就有了震惊世界的发现。在 1054 年宋朝司天监发现客星（超新星 1054）的地方，6 500 光年外的蟹状星云上，拉索发现了能量达到 1.1PeV 的光子。

这个观测结果证明，至少部分的宇宙线来自像蟹状星云这样的超新星遗迹。遗迹的中心有一颗高速旋转的脉冲星，它的磁场很强，周围的电子因此具有很强的能量。超高能 γ 光子的形成原因可能是高能电子把能量传给了光子，让低能的光子也变得高能，这些超高能的光子飞行 6 500 年后到达地球被拉索探测到了。

宇宙线从发现到现在已经过去了一百多年，在相当长的时间里，关于宇宙线来源的猜想、理论都找不到观测证据来验证。拉索的顶级性能和卓越发现可能会验证某些理论，它至少证明了：年轻的大质量星团、脉冲星风云和超新星遗迹可能是银河系内超高能宇宙线的来源。解开宇宙线起源这个困扰了科学界一百多年的世纪谜题终于有了新的曙光。宇宙线不会枯竭，科学探索也将永无止境，我们对宇宙线的认知会慢慢接近最终的答案……

切伦科夫成像望远镜艺术图［版权：Gabriel Pérez Diaz（IAC）/Marc-André Besel（CTAO）/ESO/ N. Risinger（skysurvey.org）］

天文学的下一场风暴：平方千米阵列

你将了解：

光学望远镜和射电望远镜的激烈 PK

平方千米阵列计划及其探路工程

平方千米阵列探路工程的收获

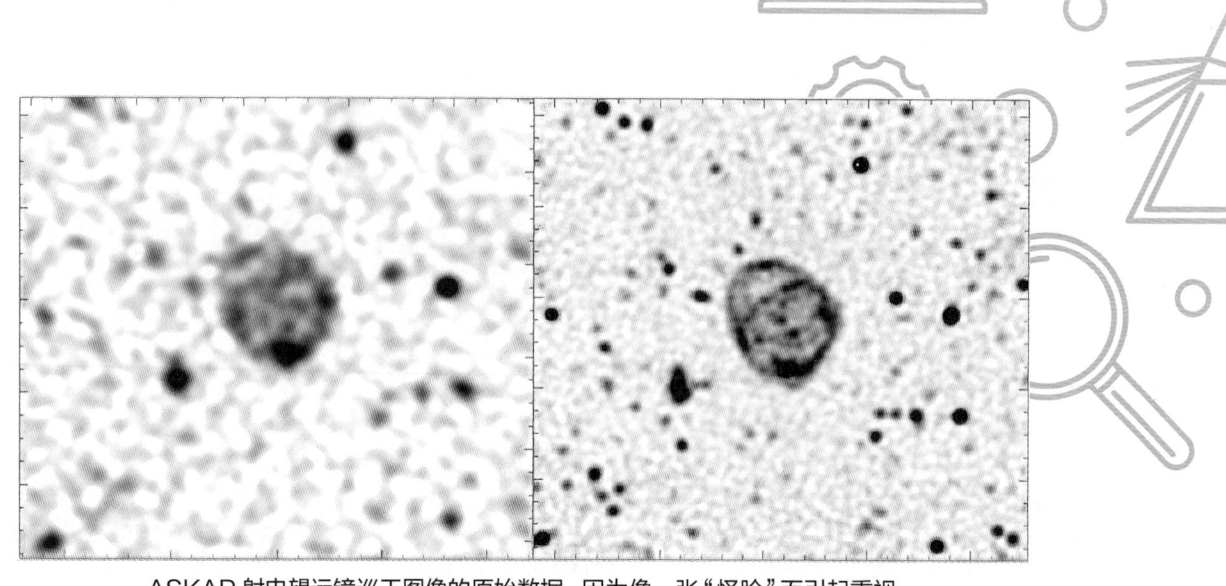

ASKAP 射电望远镜巡天图像的原始数据，因为像一张“怪脸”而引起重视
（版权：CSIRO，The EMU team，using ASKAP and MeerKAT radio continuum data）

一张奇异的“人脸”，虽然边缘和细节都模糊不清，但黑色的“眼睛”却格外醒目，好像正深深凝视着你……如果我说，这是来自宇宙的图片，你会不会大吃一惊，随后不寒而栗？

2019 年 9 月，天文学家安娜·卡嫔斯卡（Anna Kapinska）在浏览平方千米阵列（SKA）的第二个探路者项目——ASKAP 射电望远镜的巡天图像时，意外发现了这张“怪脸”照片。她大为惊奇，并且把她当时最真实的心理活动——“这是什么鬼！”——写进了照片说明里。从此，这张“怪脸”照片引起了科学家们的广泛讨论，也是 ASKAP 的重要科学成果之一。

那么，这张“怪脸”照片到底是怎么回事？平方千米阵列又是什么呢？让我们从这个有趣的故事说起……

根据原始数据还原出的图像
（版权：Jayanne English MeerKAT）

“这是什么鬼！”

2019 年 9 月的一个深夜，安娜·卡嫔斯卡像往常一样坐在电脑前，快速浏览着由阵列射电望远镜拍到的巡天图像。在 ASKAP 射电望远镜的照片中找到一些不寻常的东西，是安娜的日常工作之一。她需要把那些有价值的照片挑选出来，在例会上展示给大家讨论。

看着看着，突然，安娜握着鼠标的手停了下来。她把脸凑近电脑屏幕，瞳孔骤然扩张。屏幕上的照片中央，有一个巨大的、幽灵般的蓝绿色怪脸，紧紧地盯着屏幕外面的安娜。

“这是什么鬼？超新星的遗迹吗？”安娜犹豫地思索着。

安娜习惯把自己对不寻常天体的判断标注在照片的备注中。但此时的安娜犹豫了，超新星遗迹一般离银河系中大多数恒星很远，而眼前这个蓝绿色的怪脸，与大量银河系中的恒星相重合，应该不是超新星。

“难道，这个怪东西不在银河系内部？”安娜放下鼠标，单手托腮，凝视着怪脸空洞的巨眼。“看来，这个怪东西要成为明天工作会议上的主角了。”安娜自言自语地说着，顺便把“这是什么鬼！”写进了照片说明中。

果然，这张被标记了“这是什么鬼！”的照片成了第二天工作会议上大家热议的对象。会上一片骚动，天文学家们议论纷纷，莫衷一是。

有趣的是，“奇怪的射电圈”的英文缩写是ORC，意思是兽人或者妖魔，这个名字与这些天体表现在照片上的形象相当吻合。

几天后，与安娜一起整理照片的另外一位天文学家埃米尔·伦克在查阅数据时，又找到了类似的东西，研究人员把它们起名为“奇怪的射电圈”。

这些奇怪的射电圈最有意思的地方在于，只有射电望远镜才能看到它们。在X射线望远镜、红外线望远镜和可见光望远镜中，这些怪圈完全消失不见，就像从来没有出现过一样……

启示

迄今为止，已经有5个不同的怪圈被发现。西悉尼大学的天体物理学家雷·诺里斯（Ray Norris）认为，这些怪圈是极其遥远的星系中超大质量黑洞并合后产生的冲击波。怪圈就像一个不断膨胀的气泡，不断激发着空间中的电子，产生微弱的无线电波信号，被我们的望远镜观察到。诺里斯的证据是，现在发现的5个怪圈中，已经有3个的中心都发现了黑洞。但直到现在，科学家们仍然没能对这些怪圈的成因达成统一的意见。

这启示我们：观察和记录是科学家工作的基础，只有通过精细的观察和记录，科学家才能发现新的事物，探索新的现象；而另一方面，在对新现象提出假设时，证据是非常重要的，科学假设需要具备可观察、可重复、可验证的特征。

望远镜的百年 PK

你知道吗？在天文学研究的过程中，光学望远镜和射电望远镜一直在进行着激烈的角逐。自伽利略 1609 年发明第一台天文望远镜以来，光学望远镜一直是太空观测的主流工具。而射电天文望远镜的概念直到 1931 年才出现，比光学望远镜晚了 322 年。

1609 年伽利略发明的望远镜（版权：Zde）

1932 年卡尔·央斯基（Karl Jansky）建造了第一台从太空探测无线电波的仪器（左图）；1937 年格罗特·雷伯（Grote Rober）建造的第一台碟形射电望远镜的复刻版（右图）（版权：NRAO）

光学望远镜是利用光学原理来观测天体的，它们的主要部件是凸透镜或反射镜。

但是，射电天文学来势汹汹，很快就后来居上。20 世纪 60 年代，脉冲星、类星体、宇宙微波背景辐射和星际有机分子的发现，被合称为 20 世纪射电天文学四大发现，极大地拓宽了人类对宇宙的认知。

20 世纪 90 年代，早期兴建的射电天文望远镜随着设备老化而纷纷关闭，让射电天文学研究一时陷入了低迷。但在光学望远镜领域，1990 年哈勃空间望远镜发射升空，口径巨大的凯克望远镜、甚大望远镜等相继建成，这些超级设备直接把天文学研究带进了长达十多年的黄金时代。

不过，射电天文学研究并没有就此沉沦。随着计算机技术的快速发展，科学家们意识到，一直高度依赖计算和后期数据处理的射电天线阵列方案变得越来越可行。这是能让射电天文学弯道超车的绝佳时机！

要知道，单口径射电望远镜的尺寸限制比较大，只要口径大一点，就会面临巨大的工程学难题。而阵列射电望远镜则不同，它们以多取胜，不需要把每个天线造得很大，只要数据传输、计算和后期数据处理技术跟得上，那是建得越多越好。

射电望远镜则是利用电磁波的射电波段来观测天体。它们的主要部件是抛物面天线或射电反射镜，可以接收和聚焦射电波，形成天体的像或光谱。中国天眼就是口径极大的单口径射电望远镜的典型代表。

热火朝天的探路工程

1993 年，在日本京都举行的国际无线电科学联盟大会上，英国、中国、澳大利亚、意大利等 10 个国家的天文学家联合提议：筹划建造一个世界顶级的巨型射电望远镜阵列。建成之后，这台射电望远镜的总接收面积将达到 1 平方千米。因此，这个计划被命名为“平方千米阵列”，这也将成为人类历史上最大的天文观测设备。

建成后的 SKA 是什么概念呢？对比目前世界上最大的射电望远镜，它的灵敏度会提高 50 倍，巡天速度提高约 10 000 倍，而且能实现 0.1—30GHz 的宽波段覆盖。由于它会以纳秒级的采样精度工作，所以它每秒钟将会产生 10PB 的数据量。

SKA 是从未有人尝试过的超级工程。为了稳妥起见，科学家们决定在目标选址建立一系列探路工程，作为 SKA 的验证性前置项目。

第一个 SKA 的探路工程是由我国主导的 21CMA 项目。由于这个项目的目标是通过数字方式获取低频波段的宇宙图像，所以人们亲切地称之为“宇宙的第一缕曙光”。

2003 年 8 月，一批工程技术人员在新疆南北天山之间的乌拉斯台基地搭建了几顶简易帐篷，世界上第一个专门探测宇宙低频信号的大型相控望远镜阵列破土动工。

建成之后的 21CMA 是由 10 287 个天线组成的南北宽 4 千米、东西长 6 千米的天线阵列。作为 SKA 项目的探路者，21CMA 与传统阵列天线最大的不同就是实现了完全的数字化。每一个天线单元都不需要转动，它们收集的无线电波信号经过计算机处理后就能同时监控多个目标。

2009 年 12 月，第二个 SKA 的探路者项目在一片期待声中动工了。项目选址在人烟稀少的西澳大利亚默奇森郡沙漠区，名叫澳大利亚平方千米阵列探路者，简称 ASKAP。为了让

这是 SKA 探路项目首次面对计算能力的严峻考验，要知道 ASKAP 的规模只有 SKA 项目的 10%！

这个项目拥有最佳的电离层条件，澳大利亚政府不仅为设施建设投资超 3 亿美元，还专门成立了一个通信和媒体管理局来保护默奇森“无线电静区”。

ASKAP 是一个由 36 个口径 12 米的碟形天线组成、最大间距 6 千米、总信号接收面积约 4 000 平方米的射电望远镜阵列。

其实，无论是天线的尺寸还是数量，ASKAP 都并不出众。能让它成为平方千米阵列望远镜前导项目的，还是它领先的设计。

科学家们想到一个增加射电望远镜视场的办法，就是在现有的反射望远镜的焦平面上放置多个接收装置（馈源），组成一个叫作焦平面阵列的多波束技术。相比传统的单波束技术，多波束技术就像昆虫的复眼一样，可以同时对多个目标进行成像。这种技术能进一步升级为波束合成技术，对焦平面进行完全采样，提供连续大视场。简单来说，就是通过增加接收装置的数量，增加采样量，从而获得更大的视野。

2012 年，第一版相控阵馈源样机安装在 ASKAP 现场。每个馈源都包含 188 个独立的接收元件，视场比传统接收器大了 30 倍，极大地提升了巡天效率。

视场的技术解决了，可随之而来的问题就是数据处理。接收能力增大 30 倍，意味着数据量也增加了 30 倍！这是挑战，更是机遇。SKA 项目的超算专家、中国科学家安涛说：“SKA 处理数据的方式将颠覆传统模式，引发天文数据处理的重大变革。”

澳大利亚 ASKAP 望远镜的馈源（版权：CSIRO，Copyright CSIRO Australia）

我国 21CMA 构想图（版权：中国科学院国家天文台）

更多 SKA 探路项目

时间	名称	国家	特点	任务
2012 年	默奇森宽场阵列	澳大利亚	有大约 30 度角的超宽视场，能够一次性覆盖非常大的一片天空	研究地球的电离层和太阳的日球层，绘制河外星系的光晕和遗迹图
2015 年	HERA 阵列望远镜	南非	由 350 个直径 14 米的六角形固定天线组成，总信号接收面积达到了 54 000 平方米，与阿雷西博射电望远镜的面积相当	研究星际电离气体，揭示宇宙最初的奥秘
2016 年	卡鲁阵列望远镜	南非	由 62 个口径 13.5 米天线组成，从建造之初就使用了完全数字化的接收机。接收机采集的数据经过原子钟同步后，直接通过光纤进入地下的超算中心进行处理	最接近 SKA 的终极目标
2016 年	天籁计划	中国	有两套不同形状的天线，一套天线是我们熟悉的碟形天线阵列，另外一套则是柱形天线	利用地球的自转完成对北半球天空的快速扫描，以实现对宇宙大尺度结构的观测

想一想

同为我国的射电望远镜，天籁阵列与中国天眼 FAST 相比如何？

（提示：FAST 是世界上口径最大的单天线射电望远镜，可以“盯”着某一块天区看到很远处。相比之下，天籁视野宽广，“盯”的天区范围很大，二者可以相互补充。）

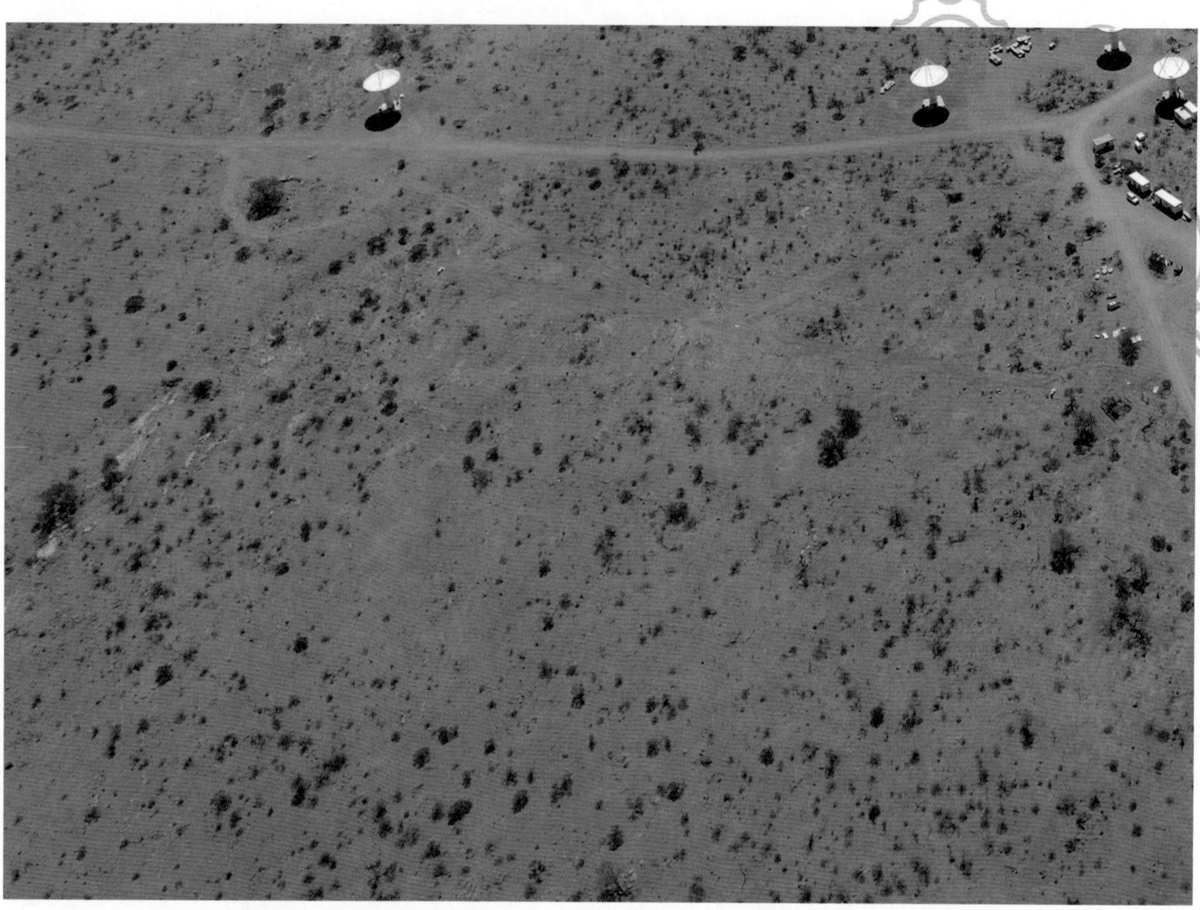

默奇森宽场阵列的鸟瞰图（版权：CSIRO，Copyright CSIRO Australia）

HERA 望远镜阵列（版权：HERA Partnership）

卡鲁阵列望远镜先导 KAT-7 中的 3 架天线［版权：South African Radio Astronomy Observatory（SARAO）］

天籁计划一共有两套天线，画面右边是一套柱形天线，左边是一套传统的碟形天线。此图为天籁实验阵列（版权：中国科学院国家天文台）

牛刀小试已非凡

想要精准定位一次性的快速射电暴是极为困难的。

在主要技术难题一个一个被攻破之后，所有的 SKA 的前导项目都陆续进入了科学验证期，科学家们也收获了许多惊喜。

2018 年 9 月 24 日，处于验证期的 ASKAP 通过一个杀手级别应用程序里的"实时回放"功能，捕获到了单次快速射电暴 FRB 180924。随后联合凯克、南双子星以及"老铁"——欧南台的甚大望远镜，精准定位了它的宿主星系。这一新发现发表在了 2019 年 6 月的《科学》期刊上。

2020 年 12 月，ASKAP 仅仅用 10 天时间就绘制出了横跨整个南部天空的 300 万个星系，其中的 100 万个是前所未见的。

ASKAP 于 2020 年底用破纪录的 10 天时间绘制出横跨整个南部天空的 300 万个星系
（版权：CSIRO，Copyright CSIRO Australia）

2021 年 8 月，ASKAP 又在深空中发现了两个牵着手“跳舞的幽灵”，这又是一个天文学家们从未见过的景象，为此也牵出了神秘的“星际风”问题。

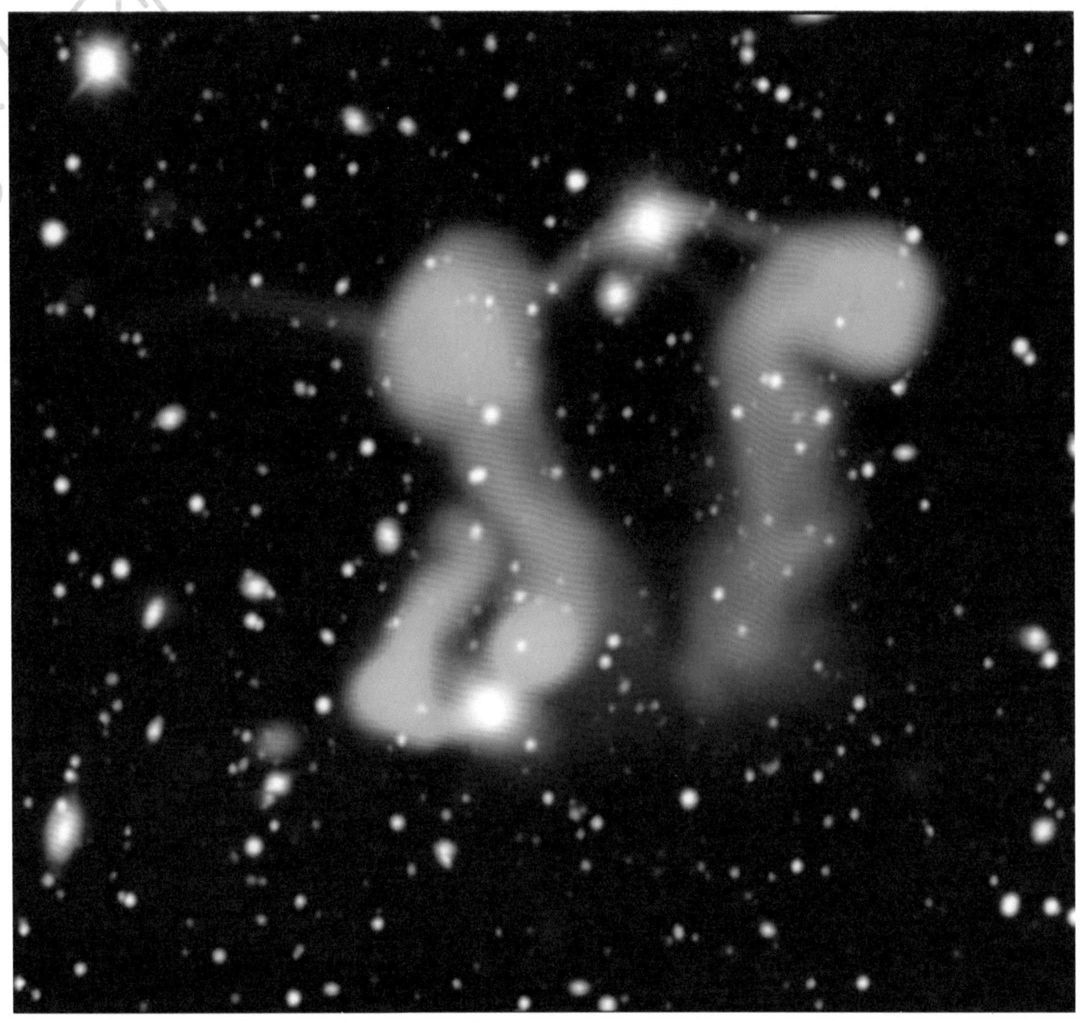

2021 年 8 月 ASKAP 观察到的“跳舞的幽灵”（版权：Jayanne English and Ray Norris using data from EMU and the Dark Energy Survey Copyright CSIRO Australia）

我们曾经以为，更好的望远镜能带给我们的，不过是更广阔的宇宙和更多的星星而已。但当 SKA 的探路工程缓缓地睁开眼睛时，那个我们熟悉的天空，竟然变成了幽灵和怪兽飞舞的奇异世界。这些新发现将把我们引向何处？现在还没有人能说得清。这必然是一个从未知到已知，再到发现更多未知的美妙过程。作为 SKA 项目的发起国和科研中坚力量，中国 SKA 团队正在你我的见证下，亲手开启一个天文学的新时代……

丛书主编简介

褚君浩，半导体物理专家，中国科学院院士，中国科学院上海技术物理研究所研究员，《红外与毫米波学报》主编。获得国家自然科学奖三次。2014 年被评为“十佳全国优秀科技工作者”，2017 年获首届全国创新争先奖章，2022 年被评为上海市大众科学传播杰出人物。

本书作者简介

汪诘，著名科普作家，科学影视导演、编剧，中国科普作家协会会员，科普自媒体人，“科学声音”执行秘书。代表作有《时间的形状——相对论史话》（获第八届文津图书奖），《时间囚笼》（获第十八届百花文学奖）。另著有《星空的琴弦》《亿万年的孤独》《十二堂经典科普课》《漫画相对论》《未解的宇宙》《迷途的苍穹》《少儿科学思维培养书系》《文明的火种》等作品。导演（编剧）的科技馆特效影片《令人惊叹的宇宙》获中国科普作家协会优秀科普作品奖金奖；科学纪录片《寻秘自然》获中国科普作家协会优秀科普作品奖银奖。自媒体电台“科学有故事”获今日头条“百万粉丝创作者”称号，以及喜马拉雅 FM “2022 年度创作者”称号。

图书在版编目（CIP）数据

太空探索者 / 汪诘·科学有故事团队著. — 上海：上海教育出版社，2023.7
（“科学起跑线”丛书 / 褚君浩主编）
ISBN 978-7-5720-2147-3

Ⅰ. ①太… Ⅱ. ①汪… Ⅲ. ①宇宙 - 青少年读物 Ⅳ. ①P159-49

中国国家版本馆CIP数据核字(2023)第129764号

策 划 人　刘　芳　公雯雯　周琛溢
责任编辑　茶文琼　章琢之
整体设计　陆　弦
封面设计　周　吉

“科学起跑线”丛书
太空探索者
汪诘·科学有故事团队　著

出版发行　上海教育出版社有限公司
官　　网　www.seph.com.cn
地　　址　上海市闵行区号景路159弄C座
邮　　编　201101
印　　刷　上海雅昌艺术印刷有限公司
开　　本　889 × 1194　1/16　印张 10.5　插页 1
字　　数　226 千字
版　　次　2023年7月第1版
印　　次　2023年7月第1次印刷
书　　号　ISBN 978-7-5720-2147-3/V·0001
定　　价　68.00 元

如发现质量问题，读者可向本社调换　电话：021-64373213